Sample Program for DOWNLOAD

作って覚える
Visual Basic 2022
デスクトップアプリ
超入門
Visual Studio Community 2022/.NET 7 対応

荻原裕之 宮崎昭世 ● 著　秀和システム

はじめに

　2021年11月、Microsoft社は統合開発環境のVisual Studio 2022（VS2022）を発表しました。64bitに対応し、必要に応じて拡張可能になっていて、新しいフレームワークである.NET 6.0も搭載。AIを用いたコード入力が楽になる機能なども追加されています。2002年の誕生から日進月歩で進化する.NETを見ていると、プログラミングの未来は私たちの想像よりも遙かに先に進んでいそうで、.NETやVisual Basicを勉強することで、その世界を体験できると思うと楽しみで仕方がありません。

　また、2022年は、.NETが誕生してから20周年を迎える記念すべき年でした。そして、Visual Basicは、1991年の誕生から32年目を迎えます。今後も.NET 7.0以降のWindows Formsでサポートされ、さらに今までの書き方のまま、.NETの新しい機能も利用できるという進化の方向性になるようです。

　VS2022は、プログラミング言語の特性と、.NETの機能を最大限に利用できる開発環境です。昔は開発環境を手に入れるのに費用がかかったり、専門的な知識が必要だったりしました。しかし、VS2022の学習用エディションとして無償でリリースされたVisual Studio Community 2022を使えば、最新のプログラミング環境を使って簡単にアプリを作成できます。プログラミングを始めたいと思っていても、障壁があって先に進めないと思っていた方には、今が最適な時期であると言えます。

　教科書的な文法きっちりの本ではなく、もっと柔らかい感じの、作りながら楽しく自然にコードや文法を学ぶことができるようなもの……。私もマニュアルを触らずにとりあえず使ってみたい派ですので、そんな本があると楽しいな、というコンセプトで本書『**作って覚えるVisual Basic 2022 デスクトップアプリ超入門**』を書き上げました。

　本書で作成するアプリは、それほど高機能なものではありませんが、「アプリをどう作っていくか？」「どう機能を追加していくか？」「エラーをどう見つけるか？」についても解説しており、これから主流となる.NETアプリの開発の基礎を学ぶ方にピッタリの1冊となっています。

　今回でシリーズ20作目となりますが、開発現場の意見などを聞いて内容をブラッシュアップするとともに、誌面もオールカラーでパワーアップしました。特に筆者自身が.NET開発の講師の経験から得た「入門者や初心者の方がわからないポイント」を丁寧に解説しています。また用語でつまずく方も多いため、難しい用語は極力避け、迷子にならずに学習するためのロードマップを作成し、実際の現場でどのように応用されるかついてはコラムなどで解説しています。理解したことを確認できるように、章末にドリルも用意しました。

　さらに本書を読んだ後、どのような本を読むといいのかというガイドも追加しました。著者の目線ですが、出版社の枠を取り払って記載していますので、参考になればと思います。また2部作として、「Visual C#」「Visual Basic」で同じ内容を扱っております。このため、言語による違いを比較していただくこともできるかと思います。ぜひ、この機会に本書でWindowsでのアプリ開発を体験していただければと思います。

　最後になりましたが、読者の目線でさまざまなアイディアをいただいたAvanadeの新卒社員の皆様に感謝いたします！

著者記す

学習のロードマップ

	準備編		初級編	中級編	
章	Chapter 1 プログラミングの基礎	Chapter 2 Visual Studio Community 2022 の基本操作	Chapter 3 プログラム作成の基本を覚える	Chapter 4 簡単なアプリケーションを作成する	
内容	プログラミングの概念	開発用ソフトの基本的な操作方法	Visual Basicの記述方法と開発環境の使い方	4種類の簡単なアプリの作成	
料理にたとえると	そもそも料理って、どういうことでしょう？ 料理をするための準備には何が必要？	料理をするための準備です。料理をするのに必要な道具を準備します。	買ってきた具材をそのまま並べるだけの簡単な料理を作りながら、環境になれていきます。	簡単な手順でできる料理を作ってみましょう。	
作れるもの					
難易度		まずは Visual Studio Community 2022 の使い方に慣れましょう		4つのアプリケーションを作成して特訓です！	
節	1.1 1.2 1.3 1.4 1.5 1.6 1.7	2.1 2.2 2.3 2.4 2.5 2.6	3.1 3.2 3.3 3.4 3.5 3.6 3.7 3.8	4.1 4.2 4.3 4.4 4.5	

中級編		上級編	
Chapter 5 デバッグモードで動作を確認する	**Chapter 6** オブジェクト指向プログラミングの考え方	**Chapter 7** 難しいアプリケーションの作成に挑戦	**Chapter 8** 最後に
プログラムのデバッグ方法	オブジェクト指向プログラミングの概要	本格的なアプリケーションの作成	開発に役立つ情報の入手
料理の出来栄えをチェック！ 味見が重要ですね。	料理をする上でのコツを説明します。先人の知恵の紹介です。	ある程度慣れてきたので、本格的な料理をしましょう。いろんな具材を活かせるレシピを作ります。	困ったときはここを見ましょう。

プログラムを書いても、すべてが動くわけではありません。
そんな時にはデバッグを行います

初心者の方にとって、ハードルが高いのがオブジェクト指向です

ここがクライマックス。がんばれ！

5.1	5.2	5.3	5.4	5.5	5.6	5.7	6.1	6.2	6.3	6.4	6.5	6.6	6.7	6.8	6.9	7.1	7.2	7.3	7.4	8.1

Contents

準備編　開発環境を使ってみよう！

Chapter 1　プログラミングの基礎　　　　　17

Chapter 3　プログラム作成の基本を覚える　　　　87

Chapter 4　簡単なアプリケーションを作成する　143

Chapter 5　デバッグモードで動作を確認する　　245

Chapter 6　オブジェクト指向プログラミングの考え方　279

Chapter 7　難しいアプリケーションの作成に挑戦　347

Chapter 8　最後に　　　　　　　　　　　　　　　　　　　　　　433

Column目次

●サンプルプログラムのダウンロード

　本書で使用しているいくつかのプログラムは、秀和システムのホームページからダウンロードすることができます（なお、本書は自分で「作って覚える」ことを目的としているため、プログラムはすべて完成版のみになっています）。

　以下の方法でデータをダウンロードしてください。

❶ インターネットに接続し、
https://www.shuwasystem.co.jp
にアクセスします。

❷ 画面上の検索欄に「Visual Basic」と入力し、🔍をクリックします。

❸ 検索結果が表示されるので[作って覚える Visual Basic 2022 デスクトップアプリ超入門]を探してクリックします。

❹ サポートページから画面の手順に従って必要なデータをダウンロードしてください。

※サポートページが見つからない場合、以下のホームページからでもデータがダウンロードできます。
　https://www.shuwasystem.co.jp/support/7980html/6834.html

> **■注意**
> ダウンロードできるデータは著作権法により保護されており、個人の練習目的のためにのみ使用できます。著作者の許可なくネットワークなどへの配布はできません。
> また、ホームページ内の内容やデザインは予告なく変更されることがあります。

●**本文イラスト**　河合 美波
●**カバー写真協力**　木工房ゆうむ
●**カバーデザイン**　成田 英夫（1839DESIGN）

Chapter **1**

プログラミングの基礎

最初に、このChapterでプログラミングの経験のない方に向けて、プログラミングの概念を解説します。

 ## このChapterの目標

☑ アプリケーションが動作する仕組みを理解する。

☑ プログラミング言語について理解する。

☑ Windows用アプリケーションの特徴と、.NETの特徴を理解する。

☑ 開発環境について理解する。

プログラムは、なぜ動くのか

まずは、アプリケーションが動作する仕組みを考えます。そこから、プログラムはなぜ動くのかを考えていきます。アプリケーションの動作の仕組みを考えることによって、自分でアプリケーションを作る際に、何が必要なのかを理解しましょう。

●アプリケーションが動作する仕組み

みなさんは普段、パソコンでどのようなアプリケーションを使っていますか？

アプリケーションとは、「アプリケーションプログラム*（application program）」の略で、簡単に言ってしまえば、人間の代わりにコンピューターを使って仕事を処理するために作られたプログラムのことです。

文章を作るためには、Wordなどに代表される「文章作成アプリケーション」、表計算を行うためにはExcelなどに代表される「表計算アプリケーション」など、様々なアプリケーションがあります。

では、そのアプリケーションは、どのように動作しているのでしょうか？　「文章作成アプリケーションを起動して、文章を書いて保存する」という一連の操作の流れと、アプリケーション内部の動作を順番に書くと、下の図のようになります。

❶ ユーザーが文章作成アプリケーションを起動

文章作成アプリケーションを表示し、メニューなども表示

❷ ユーザーが新規文章作成を選択

初期化処理（空白の文章を表示する、フォントなどを初期状態にする等）を実行

❸ ユーザーが文章を作成

設定されたフォント、色のついた文字などを文章として表示

❹ ユーザーが作成した文章を保存

保存処理（保存ウィンドウの表示、保存するディレクトリ名の表示等）を実行

図1-1：ユーザーの操作とアプリケーション内部の動作

ユーザーの操作に応じて、アプリケーションの内部では、保存処理などの決められた処理が行われ、コンピューターに指示を与えています。

＊**アプリケーションプログラム**　似たような用語に「ソフトウェア（software）」があるが、パソコン本体など物理的な装置を意味する「ハードウェア」に対比させた用語で、ソフトウェアの意味する範囲は、アプリケーションよりも広くなる。

図1-2：ユーザーからコンピューターへの指示の流れ

このように、コンピューターに与える指示を順番に記述したものを**プログラム**と呼びます。アプリケーションは、プログラムによって指示された通りに動くというわけです。

図1-3：プログラムからコンピューターへの指示の流れ

それでは、アプリケーションを作るためには何をすればよいのでしょうか？　それを次の1.2節で考えてみます。

まとめ

● **アプリケーションは、プログラムによって指示された通りに動く。**

用語のまとめ

用語	意味
アプリケーション	アプリケーションプログラム（application program）の略。人間の代わりにコンピューターを使って仕事を処理するために作られたプログラムのこと
プログラム	コンピューターに与える指示を順番に記述したもの

プログラミングとは何か

この節では、「プログラミング」が何かを理解し、アプリケーションを作るためには、何が必要かを学びましょう。

●アプリケーションとプログラムの関係

アプリケーションは結局のところ、**データ**と**処理**の集まりでできています。

図1-4：アプリケーションを構成する要素

　この処理の順番を考えて指示を与えること、つまりコンピューターに指示を与えることを**プログラム**と呼びましたが、その指示を与えるプログラムを作ることは**プログラミング**と言います。

　私たちユーザーの意図することを、コンピューターに理解できる言葉で伝えることがプログラミングの目的になります。

　そうなると、アプリケーションを作るためにはプログラミングができればよい、ということになります。

図1-5：プログラムで処理を伝える

　プログラミングをするためには何が必要でしょうか？　アプリケーションを実行する、つまりコンピューターに指示を与えるためには、コンピューターがわかる言葉で指示を与える必要があります。このコンピューターがわかる言葉のことを、**プログラミング言語**と言います。

　また、プログラミング言語を用いてアプリケーションを作るためには、専用の設備があった方が効率が良いですよね。このアプリケーションを作るための専用の設備のことを**開発環境**と言います。

　つまり、プログラミングをするためにはプログラミング言語と開発環境が必要になるのです。

　次節では、まずプログラミング言語の種類から見ていきましょう。

まとめ

- ◉ **アプリケーションを作るためには、プログラミングができればよい。**
- ◉ **プログラミングするためには、プログラミング言語と開発環境が必要。**

用語のまとめ

用語	意味
プログラミング	プログラムを作ること
プログラミング言語	コンピューターがわかる言葉。プログラムを記述するための言語
開発環境	アプリケーションを作るための専用の設備・環境

Column　アプリケーションの種類

　アプリケーションには、本書で扱うWindows向けのアプリケーションのほかにも、Microsoft StoreやiPhone、Android向けのアプリケーションなどがあり、使用するパソコン（OS）ごとに異なります。しかし、基本的な考え方は、そんなに大きくは変わりません。

　また、多くのパソコンで使えるWebブラウザーを使ったWebアプリケーションというものもありますが、こちらは、インターネットのあちら側で動くものとなり、今回説明しているアプリケーションの考え方とは大きく異なりますので注意してください。

プログラミング言語の種類

この節では、プログラミング言語の種類や特徴などを説明します。本書では、特にVisual Basic（ヴィジュアルベーシック）について詳しく解説します。

●プログラミング言語の種類と特徴

　人に用事を頼む場合、その人がわかるように言葉で説明します。

　それと同じで、コンピューターに用事を頼む場合も「コンピューターが理解できる言葉」で「処理の流れ」を説明します。

図1-6：用事を頼むには理解できる言葉で

　コンピューターは、電気的な信号で動いています。真空管を使った初期のコンピューターは、配線を組み替えて使っていましたが、変更があった場合に、配線を手動で組み替える作業がとても大変でした。

　そこで、コンピューターがわかる言葉で指示を与えるという工夫が生まれました。それが**プログラミング言語**です。

　ただ、コンピューターがわかる言葉も結局のところ、人間が指示を与えるわけですから、プログラミング言語も人間にとってもわかりやすいように、時代背景と共に進化しています。私たちが話す言葉には、日本語や英語、中国語、フランス語、ドイツ語など様々な種類がありますが、それと同様にプログラミング言語も数多く存在します。

　次ページの図は、プログラミング言語の歴史を表したものです。

　まず最初に、コンピューターが直接理解できる**機械語**（マシン語）が登場し、その後、より人間にわかりやすいように工夫されたプログラミング言語が次々と登場していきます。

図1-7：プログラミング言語の歴史（発表された年）

　以下の表に、主なプログラミング言語とその特徴を整理しておきます。プログラム例は、「Helloを画面に表示せよ」を書いた例です（機械語とアセンブリ言語を除く）。

表1-1：主なプログラミング言語とその特徴

言語	特徴	プログラム例
機械語	コンピューターが直接理解できる＋ −の電気信号の集まりからできている言語	10110000 00000001 （ALレジスタに1を格納せよ）
アセンブリ言語	人間にわかりやすいように、機械語の意味を表す命令文をキーワードに置き換えた言語	MOV AL, 1 （ALレジスタに1を格納せよ）
FORTRAN （フォートラン）	1954年に考案された科学技術計算向けの言語	write(*,*) 'Hello, world !'
COBOL （コボル）	1959年に事務処理用として考案された言語	010 IDENTIFICATION　　　DIVISION. 020 PROGRAM-ID.　　　HELLO-01. 030 ENVIRONMENT　　　DIVISION. 040 DATA　　　　　　DIVISION. 050 PROCEDURE　　　DIVISION. 060 MAIN. 070　　DISPLAY "Hello" UPON CONSOLE. 080　　STOP RUN.

BASIC （ベーシック）	1960年代にFORTRANを元に初心者用として開発された言語	10 PRINT "Hello"
C言語	1973年に考案された言語。移植性を高めることを目的に開発された。文章の区切りを「;」（セミコロン）で表すフリーフォーマット形式になっている。構造化設計＊をサポート	printf("Hello\n");
C++ （シープラスプラス）	1983年にC言語を拡張した言語。クラスの採用などオブジェクト指向＊技術の機能を強化している	cout<<"Hello"<<endl;
Visual Basic （ヴィジュアルベーシック）	1991年にMicrosoft社が発表。BASICを元にした、Quick Basicをさらに拡張	Console.WriteLine("Hello")
Python （パイソン）	Pythonは1980年代後半にABC言語の後継として考案され、1991年に最初にリリースされた。	print('Hello')
Java （ジャバ）	1995年にSun Microsystems社が発表。組み込み用プログラミング言語。オブジェクト指向技術の機能をさらに強化している。様々な環境で動作する	System.out.println("Hello");
C# （シーシャープ）	2000年にMicrosoft社が発表した、.NET環境用の言語。C言語、C++を元に拡張。.NET Framework＊自体もC#で作成されている	Console.WriteLine("Hello");

　機械語とアセンブリ言語に関しては、1をレジスタ（CPU内に設けられた記憶装置）に格納するだけで1行かかっています。ですから、Helloを格納しようとすると、数十行もの処理が必要になってしまいます。

●進化するVisual Basic

　このようにプログラミング言語は数多くありますが、その中でも本書に関係のあるBASIC（ベーシック）について見ていきましょう。

　BASICは、1960年代にFORTRAN（フォートラン）という科学技術計算のためのプログラミング言語をお手本にして、初心者向けプログラミング言語として誕生しました。

＊ **構造化設計**　　　プログラムをいくつかの塊（かたまり）に分けて設計していくソフトウェア開発手法。6.1節を参照。
＊ **オブジェクト指向**　「データ」と「処理」の集まりを人間が利用するモノになぞらえた考え方。6.1節を参照。
＊ **.NET Framework**　異なるOSやハードウェアでも動作する環境を提供するソフトウェア技術のこと。1.4節を参照。

　その後、そのBASICをお手本にして、現在まで進化をとげた言語が**Visual Basic 2022**（略称、VB2022）というプログラミング言語です。

表1-2：BASICの歴史

西暦	キーワード	内容
1960年後半	BASIC	コンピューター教育のための初心者向けのプログラミング言語として開発される
1970〜1980代	N88-BASIC等	パソコンの普及とともに各社がBASICを拡張し、パソコンにも添付され身近になった
1985年	Quick Basic	Pascal（パスカル）、C言語といった構造化言語の流れを意識したQuick BasicをMicrosoft社が発表
1991年	Visual Basic 1.0	BASICを元に、Quick Basicをさらに拡張したVisual BasicをMicrosoft社が発表
1993年	Visual Basic 2.0	AccessデータベースにアクセスするためのVisual Basic 3.0 DAO（Data Access Object）強化、Excel・Word連携技術のOLEに対応
1994年	Visual Basic 2.0 Edition	汎用的なデータベースアクセスが可能なProfessional ODBC（Open DataBase Connectivity）に対応
1995年	Visual Basic 4.0	32bit OS対応アプリケーションを作成可能。OCXと呼ばれるコントロールを作成可能
1997年	Visual Basic 5.0	ネイティブコード*を作成可能。ActiveX*に対応したプログラムを作成可能
1998年	Visual Basic 6.0	ADO（ActiveX Data Object）、OLE DB（OLE DataBase）対応。データベースアクセス機能の強化。COMコンポーネントを作成可能
2002年	Visual Basic .NET	.NET Framework上で動作する言語となる。オブジェクト指向に完全対応。Webアプリケーションも作成可能。また、インターネット時代を意識したデータベースアクセス技術のADO.NETが誕生。対応する.NETのバージョンは「.NET Framework 1.0」
2005年	Visual Basic 2005	言語機能を強化。より少ないコードでアプリケーションの作成が可能になる。対応する.NETのバージョンは「.NET Framework2.0」
2008年	Visual Basic 2008	言語機能をさらに強化。対応する.NETのバージョンは「.NET Framework 3.5」
2010年	Visual Basic 2010	NUI（Windowsタッチ）アプリケーションの作成、並列プログラミングが可能。対応する.NETのバージョンは「.NET Framework 4」
2012年	Visual Basic 2012	Windows 8用アプリケーションであるWindows Storeアプリケーションの作成が可能。対応する.NETのバージョンは「.NET Framework 4.5」

---

* **ネイティブコード**　コンピューターに理解できる機械語で記述されたプログラムのこと。
* **ActiveX**　Microsoft社のインターネットに関連したコンピューター技術の総称。

2013年	Visual Basic 2013	Windows 8.1用アプリケーションであるWindows Storeアプリケーションの作成が可能。対応する.NETのバージョンは「.NET Framework 4.5.1」
2015年	Visual Basic 2015	Windows 10用アプリケーションであるユニバーサルWindowsプラットフォーム（UWP）アプリの作成が可能。対応する.NETのバージョンは「.NET Framework 4.6」
2017年	Visual Basic 2017	Windows 10（Anniversary Update/Creators Update）の新機能に対応。対応する.NETのバージョンは「.NET Framework 4.7」
2019年	Visual Basic 2019	Windows 10（Anniversary Update/Creators Update）の新機能に対応。対応する.NETのバージョンは「.NET Framework 4.8」
2021年	Visual Basic 2022	本書発売時（2023年3月）の最新バージョン。対応する.NETのバージョンは「.NET 7.0」

Visual Basic 4.0までは、いわゆるインタプリタと呼ばれる形式の言語でした。

インタプリタとは、プログラムを実行時に、1行1行コンピューターにわかる言葉に翻訳していく言語です。1行ごとに翻訳するので、実行速度もかなり遅く、実行してはじめて間違いがわかるという問題点がありました。

Visual Basic 5.0より、コンピューターに理解できる機械語で記述された**ネイティブコード**が作成可能となり、コンパイラ言語の仲間入りをします。**コンパイラ**とは、プログラムをまとめて翻訳する形式の言語のことです。

Visual Basic 7.0にあたる、Visual Basic. NETより、オブジェクト指向に完全に対応しました。Visual Basic 2005、2008では、さらに使いやすく機能拡張され、より少ないコードでアプリケーションの作成ができるようになります。そして本書発売時点の最新版が、**Visual Basic 2022**となります。

図1-8：BASICの進化

現在のVisual Basicは、**Visual Basic 16.9**とも言われます。Visual Basic 2022と、この後に説明するVisual Studioを組み合わせて使う場合の特徴をまとめると、下記のようになります。

やさしい!

初心者でも習得しやすい
BASICから生まれた言語のため、初心者にわかりやすい形式でコードを書くことができる。初心者でも習得しやすい

画面デザインが簡単
画面作成に必要な部品が道具箱（ツールボックス）に最初から用意されているので、必要な部品をドラッグ&ドロップするだけで画面が作成できる

感覚的
ボタンがクリックされたとき、何らかの処理をするというように、人間の感覚に近いイメージでプログラムを書くことができるイベントドリブン*方式になっている

コーディングの補助機能
インテリセンス*機能により、コードを途中まで入力すると、続きのコードを提示してくれる。さらに、コードスニペットという凄い機能で、コードのひな形まで書いてくれる

図1-9：Visual Basic 2022は、やさしいプログラミング言語

また、その一方で、Visual Basic 2022は、オブジェクト指向にも完全対応し、大規模開発も可能な本格的なプログラミング言語でもあります。

＊**イベントドリブン**　通知されるメッセージに応じて処理を行うプログラムの実行形式のこと。
＊**インテリセンス**　プログラムで使うキーワードを候補表示したり、タイプミスを自動的に修正してくれる入力支援機能のこと。3.5節を参照。

大規模開発も可能

企業が作るような大規模アプリケーションも Visual Basicのみで作ることが可能

.NET上で動作

ほかの .NETの言語と同程度の動作速度で実行が可能。.NETの豊富なクラスライブラリを使用できる

本格的！

オブジェクト指向に完全対応

オブジェクト指向プログラミングが可能。うまく利用すると、似ているけど少し異なる、拡張性のあるプログラムを短いコードで実装することができる

最新技術への対応

Microsoft社の最新技術である WPF（Windows Presentation Foundation）を利用することで、2 次元や 3 次元グラフィックを有効活用できるアプリケーションを作成することができる

図1-10：Visual Basicは、本格的なプログラミング言語

　では、プログラミング言語は、どのように使うのでしょうか？　実際にプログラミング言語を用いてアプリケーションを作るためには、専用の環境（開発環境）があるとプログラムを書く効率が良くなります。

　次の1.4節では、プログラミング言語を使うための環境について見ていきます。

 まとめ

● プログラミング言語とは、人間がわかりやすいように進化した、コンピューターに処理の流れを伝えるための言葉である。
● プログラミング言語には様々な種類があり、本書で取り扱うVisual Basicも日々進化してきた。

Windows用 アプリケーションの特徴

この節では、Windows用アプリケーションの特徴を説明します。さらに、.NET（ドットネット）の環境の仕組みもあわせて理解しましょう。

● Windows用アプリケーションの特徴

　Windows OS上で動くアプリケーションをよく見てみると、いろいろと共通した特徴があることがわかります。

「ワードパッド」アプリケーション　　　　　「電卓」アプリケーション

　いかがでしょうか。何か共通点は見つかりましたでしょうか？　次の表でまとめてみます。

表1-3：Windows用アプリケーションの特徴

アプリケーションの操作など	共通した特徴
アプリケーションの起動	・メニューから起動する ・アイコンをダブルクリックする
アプリケーションの終了	・メニューから終了する ・画面右上の [×] ボタンをクリックする ・[Alt] キー＋[F4] キーを押す
外観	・左上にアイコンがある ・右上に３つのボタン [-] [□] [×] がある ・Windowsのテーマに合わせた画面に変化する
画面の操作	・画面の最大化、縮小、最小化ができる
アプリケーションの起動中	・タスクマネージャーのプロセス一覧にリストされている ・タスクバーにアイコンがある

このように、Windows OS上で動作するアプリケーションの動作を共通化させて、一貫した操作を実現するための画面のことを**Windowsフォーム**と言います。

ただ、これらの特徴を満たすように毎回プログラミングしていると、とても大変です。

料理を作ることに例えると、以下のようになります。

ご飯を食べるために、稲を栽培したり、おかずになる野菜を栽培したり、狩りに出かけたりと、大昔は大変だったかと思います。

現代では、お米を買ってきて、おかずはスーパーマーケットですでに完成したカット野菜や、お惣菜を使うと、少ない労力で短時間にご飯を作ることができますね。

図1-11：材料が用意されていると作業が早い

アプリケーションを作る場合も同じように進化しています。現代のアプリケーションは、まさに少ない労力で、短時間にアプリケーションが作れる仕組みが用意されているというわけです。

この仕組みを提供するのが、**Microsoft .NET**（マイクロソフト・ドットネット）です。

● .NET の環境の仕組み

Microsoft .NET は、簡単に言ってしまうと、2000年6月に発表されたMicrosoft社のビジョンと戦略に名前を付けたものです。Microsoft社は、1900年代まではWindows 95に代表されるOSや、WordやExcelといった単体で動くアプリケーションを提供し、「すべてのデスクトップにPC（パソコン）を」という企業ビジョンを掲げていました。

しかし、インターネットの爆発的な普及を背景に、パソコンという閉じられた世界からインターネットを意識した「いつでも、どこでも、どんなデバイス（装置）でも優れたソフトウェアで人々の可能性を広げる」というビジョンを発表しました。この新しいビジョンを実現するために考え出されたものが、Microsoft.NETなのです。

図1-12：Microsoft社のビジョンと戦略

＊**Windows DNA** Windows Distributed interNet Applicationの略で、昔のWindowsを使った開発方法のこと。

Microsoft.NETの構想の中で生まれたものの中に、**.NET Framework**（ドットネット・フレームワーク）と呼ばれるものがあります。.NET Frameworkには、様々な技術が組み込まれています。

アプリケーション開発という観点から見ると、この.NET FrameworkがWindows OSの違いや、.NETに対応したプログラミング言語の違いを吸収し、少ない労力で短時間にアプリケーションが完成する仕組みを提供します。

表1-4：.NET Frameworkに組み込まれた技術

項目	.NET Frameworkとの関係
OS	Windows 10、Windows 11、Windows Server 2019、Windows Server 2022といったWindows OSの種類を問わず、アプリケーションを動作させることができる
開発環境	.NET Frameworkの良いところを最大限に引き出すために工夫されたプログラム開発を行うための環境が**Visual Studio**（ヴィジュアル・スタジオ）
プログラミング言語	C#、Visual Basic、C++/CLIなど.NETに対応する言語が数十あり、その言語でプログラムを書くことができる
実行環境	.NET対応アプリケーションを動作させるための環境。.NETに対応する言語であれば、共通の言語基盤（CLI）という仕組みにより、言語の種類を問わず動作させることができる
クラスライブラリ	料理に例えると巨大な冷蔵庫の食材群にあたるもの。アプリケーションを作成するためにあると便利な部品群。.NETには、数千を超えるクラスライブラリがある。Windowsアプリケーション用のクラスライブラリも用意されている
フレームワーク	アプリケーションを作るための機能がワンセットになったもの。アプリケーションを作成する際、ある特定の処理をルールに基づいて自動で行ってくれる枠組みにあたる。メモリ管理や例外といった複雑な処理を代わりに行ってくれる
アーキテクチャー	アプリケーションを作るための考え方、思想にあたるもの
セキュリティ	アプリケーションを安全に動作させるための工夫がされている

また、実行する際にも、アプリケーションの不具合により、OSが破壊されないような「例外処理」といった仕組みや、アプリケーションが内部で使用した「メモリの管理や後片付け」といったことを代わりに行ってくれます。

次ページに、イラストを使って.NET Frameworkに組み込まれた技術を簡単にまとめます。

図1-13：.NET Framework に組み込まれた技術

　概念が難しいので、.NET Frameworkの役割について「おでんセット」を使って料理を作ることに当てはめて考えてみます。

図1-14：おでんセットから考える.NET Framework の役割

いかがでしょうか？　.NET Frameworkを用いることで、アプリケーションの作成が簡単にできることが想像できましたでしょうか。

　詳しくは後述しますが、様々な機能がワンセットになった.NET Frameworkというフレームワークを用いたプログラミングのコツは、何でもかんでも自分で作らずに、あらかじめ用意されている「**クラスライブラリを探して使う**」という開発のスタイルになります。
　さらに、Windows用アプリケーションを作る場合は、.NET Frameworkが用意している**Windowsフォーム**と言われるクラスライブラリを用いることで、必要最小限のプログラムを書くだけでよいということになります。

●.NET Frameworkの進化

　「おでんセット」は、20年前、10年前、現在、そして10年後で比べてみると、同じ材料ではなく、その時代のニーズに合わせて変化しています。
　実は、.NET Frameworkも同じように、時代のニーズに合わせて進化しています。Windows OSにのみ対応していたものが、**.NET Framework**です。Windowsに加えて、Mac OSやLinux OSでも動作可能になったフレームワークが**.NET Core**（ドットネットコア）と呼ばれるものでした。2021年に「.NET Framework」と「.NET Core」を統合した**.NET 5.0**がリリースされ、本書執筆時（2023年3月）では、それらも統合されて**.NET 7.0**と呼ばれるものになっています。

　.NET Frameworkの場合、ちょっとややこしい進化をとげていますので、.NET Frameworkのバージョンと進化の流れを次ページの図とともに解説します。
　まずは、ざっくりと「いろいろ増えたなぁ！」と感じていただければと思います。

図1-15：.NET Frameworkの進化

図1-16：.NET Frameworkの機能の拡張

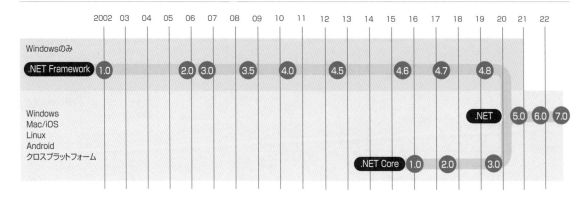

	2002	03	04	05	06	07	08	09	10	11	12	13	14	15	16	17	18	19	20	21	22
Windowsのみ																					
.NET Framework	1.0				2.0	3.0		3.5		4.0		4.5			4.6		4.7		4.8		
Windows Mac/iOS Linux Android クロスプラットフォーム																		.NET		5.0 6.0 7.0	
.NET Core													1.0			2.0			3.0		

図 1-17：.NETの進化の歴史

こんなことができたら便利だな、といったことが次々と盛り込まれています。

 まとめ

- ● Windows OS上で動くアプリケーションの共通的な動作と、あると嬉しい機能が満載されたものが、Windowsフォームである。
- ● 便利な.NET Frameworkによって、Windowsフォームのアプリケーションを簡単に作ることができる。
- ● .NET Frameworkも進化していて、最新バージョンは、.NET Framework 4.8である。さらに、.NET Frameworkは .NET に統合され、本書執筆時（2023年3月）で最新の.NETのバージョンは、.NET 7.0である。

用語のまとめ

用語	意味
フレームワーク	アプリケーションを作るための機能がワンセットになったもの
クラスライブラリ	アプリケーションを作るためにあると便利な部品群
Windowsフォーム	Windows OS上で動くアプリケーションの動作を共通化させて、一貫した操作を実現するための操作画面

Visual Studio 2022 の概要

5

プログラミングするために必要な統合開発環境、Visual Studio（ヴィジュアル・スタジオ）の特徴を説明します。

●効率的にプログラミングができる統合開発環境

　これまでの説明で、プログラミングとは、どういったものかを理解していただけましたでしょうか。次に、そのプログラミングをどのような方法で行えばよいのかを考えてみましょう。

　まず、単純にプログラミングしただけでは、アプリケーションは動きません。コンピューターが理解できるようにするために、**プログラミング言語**で書いたプログラムを**機械語**に翻訳してあげる必要があります。さらに、機械語に翻訳した後は、実際に動作させてみて、プログラムに間違いがあった場合は修正する必要があります。

　このような、アプリケーションを作るために必要な操作を効率的に行うことができる道具箱があらかじめ用意されています。それが**統合開発環境**（IDE）＊です。文章を書くならワープロソフトが便利、プログラムを書いてアプリケーションを作るなら統合開発環境が便利というわけです。

　これまでは、プログラミング言語ごとに専用の開発環境を各社が提供してきましたが、Microsoft 社が提供する最新の統合開発環境、**Visual Studio 2022** ではすべての言語で同じ操作ができるようになっています。Visual Studio 2022 の特徴を以下にまとめてみましょう。

ソースコード記述 専用のエディタがある	**画面作成** アプリケーションの画面をドラッグ&ドロップで作成できる
フレームワーク連携 プログラム記述時に、インテリセンスというお助け機能があり、入力ミスを事前に防ぐことができる	**ビルド** 記述したソースコードをコンピューターがわかるように変換する
ファイル管理 プログラムを作るために必要なファイルを管理する	**デバッグ** プログラムの間違ったコードを修正する。実行中の値の変化などがわかりやすい

図 1-18：Visual Studio 2022 の特徴

＊**統合開発環境（IDE）**　プログラミングに必要なツールがひとまとめになった開発環境のこと。IDE は Integrated Development Environment の略称。

Visual Studio 2022には目的に合わせて機能が制限されており、その違いを**Edition**（エディション）と言います。以下に、各Editionの機能※についてまとめます。

表1-5：Visual Studio 2022のEdition

	Community	Professional	Enterprise
利用可能ユーザータイプ	・個人開発者 ・クラスルーム学習 ・アカデミックな研究 ・オープンソースプロジェクトへの貢献 ・非エンタープライズ組織※ 　最大 5 ユーザーまで	あらゆるユーザー	あらゆるユーザー
価格	無料	有料	有料
開発プラットフォームのサポート	☆☆☆☆	☆☆☆☆	☆☆☆☆
統合開発環境	☆☆☆	☆☆☆☆	☆☆☆☆
詳細なデバッグと診断	☆☆	☆☆	☆☆☆☆
テスト ツール	☆	☆	☆☆☆☆
クロスプラットフォーム開発	☆☆	☆☆	☆☆☆☆
コラボレーション ツールと機能	☆☆☆☆	☆☆☆☆	☆☆☆☆

入門者にとって最適な開発環境は、**Community**（コミュニティ）になります。Communityは、誰でも無料で使用できますが、商用での利用に制限があります。

 まとめ

● **Visual Studio 2022は、プログラミング言語の特性と.NET 7.0の機能を最大限に利用できる統合開発環境である（Visual Studio Community 2022は、商用での利用に制限があるものの、誰でも無料で使用できる）。**

※**各Editionの機能** 詳細は、Microsoft社の以下のWebサイトを参考にしてください。
　　　　　　　　　https://visualstudio.microsoft.com/ja/vs/compare/

※**エンタープライズ組織** 　　エンタープライズ組織とは、PC250台超、または年間収入100万米ドル超の組織。

6 プログラムを作るための準備

この節では、Visual Basic 2022でプログラムを作るために何が必要かを理解しましょう。

● Visual Basic 2022の開発環境

プログラムを作るためには何が必要でしょうか。これまでの話から**プログラミング言語**と**プログラムを開発する環境**が必要だということは理解いただけたかと思います。

これを料理を作ることに置き換えて考えてみましょう。料理を作るには何をしますか？　献立を考えて、レシピを見て、食材を使って台所で料理をしますね。

プログラムを作るときも同じです。献立にあたるものが**設計図**です。どんなアプリケーションを作るのか、どんな画面でどんな機能を持たせて、どんな処理をするのか、どんなデータを扱うのかを考えます。

レシピにあたるものが、**設計思想**（アーキテクチャー）になります。

料理する食材は、**クラスライブラリ**と呼ばれる部品群から必要なものを探して使います。

台所にあたるものは、**統合開発環境**（IDE）ですね。

図1-19：プログラミングを料理に例えてみると…

プログラミング言語とプログラムを開発する環境が1つにまとまっていると便利です。

その点、**Visual Studio Community 2022**は、最新のVisual Basicと開発環境が1つになり、Windows
アプリケーションが簡単に作成できる無料のツールが集まった統合開発環境になっています。

もちろん、Windowsフォームを作るのに便利な.NET 7.0のクラスライブラリも無料で利用できます。

図1-20：Visual Studio Community 2022の要素

料理がうまく作れるようになるためには、慣れが必要です。同様にアプリケーションを開発する際も慣れ
が必要です。次のChapter2では、Visual Studio Community 2022にまず慣れ親しむことを目標にしま
す。

Visual Studio Community 2022をお持ちでない方も、次のChapter2で入手方法とインストール方法を
説明しますのでご安心ください。

 まとめ

● プログラムを効率よく作るためには、自分にあったプログラミング言語と統合開発環
境が必要になる。

● 最新のプログラミング言語（Visual Basic 2022）と統合開発環境（Visual Studio）
が1つになった学習用の無料ツールが、Visual Studio Community 2022である。

復習ドリル

いかがでしたでしょうか？ Chapter1を読み終えたところで、プログラムがどういったものかの理解を深めるために、ドリルを用意しました。

●ドリルにチャレンジ！

以下の1～7までの空白部分を埋めてください。

1 コンピューターに与える指示を記述したものを[＿＿＿＿＿]と呼ぶ。

2 コンピューターに指示を与えるための言葉のことを[＿＿＿＿＿]と呼ぶ。

3 アプリケーションを作るための専用の設備のことを[＿＿＿＿＿]と呼ぶ。

4 BASICをお手本にして、現在まで進化をとげたプログラミング言語が[＿＿＿＿＿]である。

5 Windows用アプリケーションを作る場合は、[＿＿＿＿＿]が用意しているWindowsフォームと言われるクラスライブラリを用いることで、必要最小限のプログラムを書くだけでよい。

6 .NET Frameworkは .NET に統合され、2023年3月（本書執筆時）で最新の.NET のバージョンは[＿＿＿＿＿]である。

7 [＿＿＿＿＿]は、最新のプログラミング言語の特性と.NET の機能を最大限に利用できる無料の統合開発環境である。

アプリケーションの作成の
流れはわかったかな？

復習ドリルの答え
1 プログラム
2 プログラミング言語
3 開発環境
4 Visual Basic
5 .NET Framework
6 7.0
7 Visual Studio Community 2022

Column 無償の開発環境

　Microsoft社が提供する無償の開発環境、Visual Studio Community 2022は、個人でプログラミングをするには、十分な機能を持ちます。

　こういった製品がユーザーに対して無償で提供される背景として、ほかの開発環境の多くが無償で提供されているということも無視できません。

　ほかの無償で提供される開発環境としては、Eclipse（エクリプス）が有名です。Eclipseは、JavaやPHPなどに対応した開発環境です。また、同じくJavaには、データベースで有名な米Oracle（オラクル）社から提供されているNetBeans（ネットビーンズ）という開発環境もあり、これも無償で提供されています。

　これらの開発環境はお互いに、より簡単に開発できるように日々進化し続けています。今後もいいライバル関係を持ってより使いやすい開発環境となるといいですね。

Chapter **2**

Visual Studio Community 2022の基本操作

このChapter2では、プログラムを開発するための環境、Visual Studio Community 2022の基本的な操作をマスターします。

このChapterの目標

- ✔ Visual Studio Community 2022がインストールできる。
- ✔ Visual Studio Community 2022が起動できる。
- ✔ プロジェクトを作成し、保存できる。

Chapter 2 Visual Studio Community 2022の基本操作

Visual Studio Community 2022のインストール

まず最初に、Microsoft社のWebサイトからVisual Studio Community 2022をダウンロードしてパソコンにインストールする方法を説明します。また、起動する方法についても説明します。

●VS Community 2022のインストール手順

Visual Studio Community 2022（本章では以降、VS Community 2022と表記します）は、以下の手順でインストールします（VS Community 2022をすでにインストールされている方は、ここを飛ばしていただいてかまいません）。

手順❶ インストールが可能かどうかのチェックをします。
手順❷ VS Community 2022をダウンロードしてインストールします。
手順❸ VS Community 2022をセットアップします。

以下のページでは、Windows 11を例にとって、インストールの手順を説明します。Windows 10などでも若干画面が異なりますが、大まかな手順はほぼ一緒です。

●システム要件のチェック

まずは、インストールができるかどうかのチェックです。

表2-1：**システム要件**

チェック	項目	説明
☐	プロセッサ	1.8GHz以上の64ビットプロセッサ。クアッドコア以上が推奨されています。ARMプロセッサは、サポートされていません
☐	OS	Visual Studio 2022は、次の64ビットオペレーティングシステムでサポートされています ・Windows 11 バージョン21H2以上（Home、Pro、Pro Education、Pro for Workstations、Enterprise、Education） ・Windows 10 バージョン1909以上（Home、Professional、Education、Enterprise） ・Windows Server 2022（StandardおよびDatacenter） ・Windows Server 2019（StandardおよびDatacenter） ・Windows Server 2016（StandardおよびDatacenter）

☐	メモリ	4GB以上のRAM。使用されるリソースには、多くの要因が影響します（一般的なプロフェッショナルソリューションには、16GBのRAMを使用することが推奨されています）
☐	ハードディスク容量	最小850MB、最大210GBの空き領域（インストールされる機能により異なります。一般的なインストールでは、20GBから50GBの空き領域が必要です）。パフォーマンスを向上させるには、SSD（ソリッドステートドライブ）にWindowsとVisual Studioをインストールすることが推奨されています
☐	グラフィック	WXGA（1366x768）以上のディスプレイ解像度をサポートするビデオカード
☐	ディスプレイ	Visual Studioは、1920 x 1080以上の解像度で最適に動作します

準備編
Chapter
2

詳しく知りたい方はこちらをご覧ください。

▼Visual Studio 2022製品ファミリのシステム要件

https://learn.microsoft.com/ja-jp/visualstudio/releases/2022/system-requirements

　いかがでしょうか？　システム要件はクリアできましたか？　それではさっそくWebサイトからVS Community 2022をダウンロードしてインストールを始めましょう。

●VS Community 2022をダウンロードしてインストールする

　VS Community 2022は、Microsoft社のWebサイトから無料でダウンロードしてインストールすることができます。
　まず、以下のURLにアクセスしてください。

▼Visual Studio - ホーム

https://www.visualstudio.com/ja

　Webサイトが表示されたら、以下の手順に従ってください。

◼1 Webサイトが表示される

🔒 visualstudio.microsoft.com/ja/　　　　　　　　　　　　　　　　　　　Q 🔗 ☆

❶ Visual Studio のWebサイトが表示されます

それはソフトウェアの作成方法です

[コード、ビルド、デバッグ、展開、共同作業、分析、学習] のうち、今すぐ必要なものはなんですか?

Visual Studio ならそれを実現できます。

Visual Studio ファミリの紹介

❷ [Visual Studio のダウンロード] を選びます

◼2 エディションの選択画面が表示される

Visual Studio ファミリの紹介

[Visual Studioのダウンロード] の [∨] ボタンを展開して、[Community 2022] をクリックします

③ ダウンロードのメッセージが表示される

① WebブラウザーがEdgeの場合、画面右上にダウンロードのメッセージが表示されます

④ [開く] メニューをクリックする

① [開く] メニューをクリックします

② [ユーザーアカウント制御] ウィンドウが開き、「このアプリがデバイスに変更を加えることを許可しますか？」というメッセージが表示されます。[はい] ボタンをクリックします

Tips VisualStudioSetup.exeを保存して実行する

VisualStudioSetup.exeを保存して、直接実行することもできます。

Edgeの右上の [ダウンロード] に表示されるVisualStudioSetup.exeで、[名前を付けて…] の [∨] ボタンを展開して [保存] ボタンをクリックし、デフォルトのVisualStudioSetup.exeの名称のまま、「ダウンロード」フォルダーに保存します。

保存できたら、右横にある ［フォルダーに表示］ アイコンをクリックします。

「ダウンロード」 フォルダーが表示されます。VisualStudioSetup.exeをダブルクリックして実行します。

Tips **Edge以外のWebブラウザーをお使いの場合**

　Chromeなどのブラウザーをお使いの場合は、［名前を付けて保存］ ウィンドウが表示されます。「ダウンロード」 フォルダーなどの適当なフォルダーにVisualStudioSetup.exeを保存した後、VisualStudioSetup.exeをダブルクリックして、実行してください。

●VS Community 2022をセットアップする

　インストールを始めると、セットアップ画面が自動で起動されます。この画面の指示に従ってインストールを続ければ、インストールができます。

5 Visual Studio Installer の確認ポップアップが表示される

[続行] ボタンをクリックします

　Visual Studioは、様々な種類の開発ができますが、必要なコンポーネント（部品）だけに絞ってインストールすることができます。ここでは、本書の内容を実行するための最低限必要な環境を選びます。

6 インストールするコンポーネント（部品）を選択する

❶ [.NET デスクトップ開発] のチェックボックスをチェックします

❷ [インストール] ボタンをクリックします

ヒント [.NETデスクトップ開発] は、ワークロードの [Web ＆クラウド] の次のカテゴリの [デスクトップと モバイル] の中にあります。また、左側のオプションに関しては、もともと選択されている（デフォル トで選択されている）ものをそのまま選びます。

ヒント [個別のコンポーネント] を見ると、[.NET 7.0 Runtime] が自動的に選択されています。

7 インストールが始まる

インストールしています。画面が 変わるまで、そのまま待ちます

ヒント [インストール後に起動する] にチェックが入っていること を確認します。

　インストールが完了すると、Visual Studio 2022が自動的に起動されます。インストールは、以上で完了 です。

● VS Community 2022を起動する

インストールが完了すると、Visual Studio 2022が自動的に起動されます。

1 サインインする

[サインイン] ボタンを
クリックします

2 Microsoftアカウントでサインインする

Microsoftアカウント
でサインインします

[最近開いた項目] 画面が起動する

① [最近開いた項目] 画面が表示されます

② 右下の [コードなしで続行] をクリックします

起動する

続いてVS Community 2022 が起動します

また、Windows 11のメニュー画面から起動する方法もあります。

① スタートメニューの検索ボックスで検索する

スタートメニューの検索ボックスを
クリックします

② キーワードで検索する

「Visual」もしくは、「Visual Studio」
というキーワードで検索します

③ 検索結果をクリックする

検索結果に表示された［Visual Studio
2022］をクリックします

4 ［最近開いた項目］画面が起動する

右下の［コードなしで続行］を
クリックします

5 Visual Studio 2022 が起動する

Visual Studio Community2022
が起動します

▼スタート画面にピン留めした例

ヒント　3の検索結果を右クリックして、表示されたメニューから［スタートにピン留めする］や［タスクバーにピン留めする］を設定しておくと、次回から楽に起動できます。

また、検索結果の右側の詳細画面で［スタートにピン留めする］や［タスクバーにピン留めする］をクリックしても同様です。

Visual Studio Community 2022の画面構成

VS Community 2022の画面構成を覚えるとともに、統合開発環境（IDE）としての特徴を理解しましょう。

●画面の構成

VS Community 2022をうまく起動できましたでしょうか？

ただし、起動した画面を見ても、最初は何をどうすればよいか分からないと思います。まずは、画面の構成に慣れましょう。

VS Community 2022の操作画面には、プログラムを作成する作業の効率が良くなる工夫がされています。画面は、いくつかの領域に分かれていて**起動直後**、**プログラム作成中**、**プログラム実行中**といった状態ごとに効率が良くなるように画面構成が変わります。

●起動直後の画面構成

起動直後の画面構成は、このようになります。

下の表2-2に、VS Community 2022の画面の各領域の機能についてまとめます。

表2-2：各領域の機能（起動直後）

領域	機能
メニュー	VS Community 2022を操作するためのメニューです。起動時、プログラム作成時、プログラム実行時で必要なメニューが表示されます
ソリューションエクスプローラー	プログラムを作成するとき、必要なファイルの情報が表示されます。エクスプローラー風に表示して、ファイルを管理します
作業領域	プログラムを記述する領域です。画面デザインもこの領域で行うことができます
ツールボックス	プログラム作成時や、画面デザイン時にVS Community 2022が用意した便利な部品をここからドラッグして使います

●プログラム作成中の画面構成

プログラム作成中の画面構成は、このようになります。メニューには新たな項目が増えています。プロパティウィンドウとコンポーネントトレイも表示されました。

下の表2-3に、新しく表示された画面の各領域の機能をまとめます。

表2-3：各領域の機能（プログラム作成中）

領域	機能
プロパティウィンドウ	画面に貼り付けた部品の値を設定・変更する領域です。プログラム作成時にコードを書かなくても部品の値を変更できます
コンポーネントトレイ	画面がない部品はこの領域に表示されます。画面がない部品を使用していない場合は表示されません
出力領域	ビルド*の状況などが表示される領域です

●プログラム実行・修正時の画面構成

プログラム実行・修正時の画面構成は、このようになります。

＊**ビルド**　この後の2.5節で説明します。

下の表2-4に、まだ紹介していない画面の領域の機能についてまとめます。

表2-4：各領域の機能（プログラム実行・修正時）

領域	機能
自動変数	プログラムの中の変数*の値を確認できる領域です。デバッグ時に便利な情報で、一部機能については、Chapter5で解説します
呼び出し履歴	プログラムの中のファンクション*の呼び出し履歴（呼び出し順）の情報を確認できる領域です
診断ツール	プログラムがどれくらいCPUやメモリを使っているかを確認できる領域です

●画面をカスタマイズする

プログラムしやすいように、画面の構成を自分の好きなようにカスタマイズできます。最後に元の状態に戻す方法も説明していますので、いろいろ試してみてください。

●ピン留め

ピンのマークのアイコンをクリックすると、ツールボックスを画面に常に表示することができます。

画面の右にあるタブ状態の［ツールボックス］をクリックしてください。すると、ツールボックス本体が表示されます。画面を作成する場合、このツールボックスに表示される便利な部品をよく使いますので、この領域を固定しましょう

普段は隠れていますが、タブ状態の［ツールボックス］をクリックすると表示されます

＊**変数**　3.4節で説明します。
＊**ファンクション**　3.7節で説明します。

常に表示される状態です

準備編
Chapter
2

ヒント 逆にツールボックスが常に表示された状態でピンをクリックすると、その領域を隠すことができます。

ヒント ツールボックス以外でも可能です。ほかの領域にあるピンでいろいろ試してみてください。

本書では、ツールボックスをピン留めした状態の画面構成で説明します。

●ウィンドウの移動

VS Community 2022のそれぞれの領域にあるウィンドウは、移動させることができます。

ツールボックスの位置を変更してみましょう。ツールボックスの領域の上部にあるバーの部分を右横にドラッグしてみてください

画面に表示されるアイコンを「ドッキングガイド」と言います。マウスをこのアイコンに近づけるとウィンドウが移動する位置が青くなり、好みの位置に簡単に移動させて固定できるようになります

ヒント ツールボックスは後で元の位置に
戻しておきましょう。

●ウィンドウの表示・非表示

作業に合わせてウィンドウを表示させたり、非表示にしたりできます。

ウィンドウの［▼］をクリックすると、そのウィンドウの表示状態を選択できます

［閉じる］をクリックすると見えなくなりますので、［表示］メニューからたどってもう一度そのウィンドウを表示しなおしてください

●ウィンドウレイアウトのリセット

いろいろ触って取り返しがつかなくなってしまった方、大丈夫です。画面のレイアウトを初期状態に戻すことができます。

［ウィンドウ］メニューから［ウィンドウレイアウトのリセット］を選択すると、画面のレイアウトを初期状態に戻すことができます。

●実行中のウィンドウの一覧

実行中のウィンドウの一覧を表示させることができます。開発中に複数のファイルを編集している場合などに便利な機能です。

キーボードの［Ctrl］+［Tab］キーを押すと、現在実行中のウィンドウの一覧が表示されます

いかがでしたでしょうか？　はじめての開発環境に慣れていただけましたでしょうか？　次は、いよいよ、プログラムを記述していきます。

まとめ

- VS Community 2022の画面には、プログラミングの効率が良くなる工夫がされている。
- ピン留め、ウィンドウの移動、実行中のウィンドウの一覧など、画面を好きなようにカスタマイズできる。

∷用語のまとめ

用語	意味
統合開発環境	プログラムを作成するために便利な専用の環境。英語では、Integrated Development Environmentとなり、略してIDEとも呼ばれる

Column　プロジェクトとソリューション

　次の2.3節で説明しますが、統合開発環境のVS Community 2022では、プログラムを作成する単位は**プロジェクト**で行われます。そして、そのプロジェクトよりも大きな集まりを**ソリューション**と言います。つまり、プロジェクトをいくつも集める入れ物がソリューションになります。

　料理に例えると、肉料理、魚料理の1つひとつがプロジェクトになり、それらすべてを含むフルコースがソリューションにあたります。肉料理に必要な材料、道具だけにすると管理しやすいですよね。プロジェクトもまとまった単位で分けると、アプリケーションの開発がやりやすくなるというわけです。

プロジェクトの作成

3

いよいよVS Community 2022を用いて簡単なアプリケーションの作成を行います。アプリケーションを作成する「お作法」を学びましょう。

準備編
Chapter
2

●アプリケーションの種類を選ぶ

VS Community 2022では、**プロジェクト**という単位でアプリケーションを作成します。

プロジェクトとは、プログラムファイルの集まりを開発環境でまとめて管理する単位のことです。簡単に言えば、アプリケーションを開発するために必要なものの集まりです。

ただし、VS Community 2022が、このあたりの管理作業を自動的に行ってくれますので、あまり深く考えなくても問題ありません。

アプリケーションを作成するには、プロジェクトを作成する必要があります。プロジェクトを作成する手順は以下のようになります。

●スタートメニューから起動して、プロジェクトを作成する場合

まず、Windowsメニューの検索ウィンドウから、「Visual Studio 2022」を検索し、その結果を選択します。そして、スタートにピン留めした場合、スタートメニューから直接「Visual Studio 2022」を選択できます。

1 [スタートメニュー] を開く

［スタートメニュー］から
［Visual Studio 2022］を
選択します

❷［新しいプロジェクトの作成］を選択する

［最近開いた項目］画面の項目の中から［新しいプロジェクトの作成］を選択します

　Visual Studio 2022で作成可能なプロジェクトの**ひな形**が**テンプレート**として用意されているので、作成したいアプリケーションの種類に応じたテンプレートを選択します。

　このテンプレートは、インストールした項目によって増減します。

❸テンプレートを選択する

❶［Windowsフォームアプリ］を選択します

❷［次へ］ボタンをクリックします

💡ヒント　［Windowsフォームアプリケーション（.NET Framework）］ではありません。［Windowsフォームアプリ］は、.NET 7.0がベースになっています。一方、［Windowsフォームアプリケーション（.NET Framework）］は、.NET Framework 4.8がベースになっており、古い技術がベースになっています。どちらでも同じWindowsフォームを作成することは可能ですが、本書では、最新の.NET 7.0ベースをメインに説明します。

ヒント テンプレートの種類が多いので、言語、プラットフォーム、プロジェクトの種類で絞り込むことができます。言語を [Visual Basic]、プラットフォームを [Windows]、プロジェクトの種類を [デスクトップ] を選択して絞り込むと楽に見つかります。

❶ 言語の一覧から [Visual Basic] を選択します

❷ プラットフォームの一覧から [Windows] を選択します

❸ プロジェクトの種類の一覧から [デスクトップ] を選択します

ヒント 前回、選択したプロジェクトの種類が、[最近使用したプロジェクトテンプレート] に一覧表示されますので、2回目以降、同じプロジェクトの種類を選ぶときは楽に選ぶことができます。

プロジェクト名、場所（保存するフォルダーの位置）を細かく指定することができます。今回は、表示されたものをそのまま使用してみましょう。

4 新しいプロジェクトを構成する

プロジェクト名、場所、ソリューション名、フレームワークは、あらかじめ入力されている値をそのまま使用して、右下の［次へ］ボタンをクリックします

ヒント [Windowsフォームアプリケーション（.NET Framework）] を選んだ場合は、この画面に.NET Frameworkの種類を選択できる項目が増えています（.NET Frameworkの数値で大きな数字を選ぶと、新しい環境になります。.NET Framework 4.8が最大）。とても微妙な違いですが、デフォルトのプロジェクト名も異なっており、「WindowsFormsApp1」になっています。

5 [追加情報] 画面が表示される

フレームワークを選びます。デフォルトの [.NET 7.0（標準用語のサポート）] を選択してください

ヒント .NETに関しては、1.4節で解説しました。執筆時点では、[.NET 6.0（長期的なサポート）] と [.NET 7.0（標準用語のサポート）] が選択可能です。本書では、どちらを選んでも問題ありませんが、企業のアプリケーションなどで長期的なサポートが必要になる場合は、[.NET 6.0（長期的なサポート）] を選択するとよいでしょう。

6 ひな形の画面が表示された

Windowsフォームを作成する「ひな形」となる画面が表示されます

Windowsフォームを作成するひな形

ソリューションエクスプローラーに表示されている情報を確認してみましょう。

　手順4で入力した「WinFormsApp1」という名前が付いたプロジェクトの下に、Windowsフォームを作成するひな形の「**Form1.vb**」というファイルがぶら下がっているという構造になっています。
　VS Community 2022では、プログラム作成に必要なファイルをこのようにして管理しています。

●すでにVS Community 2022を起動している場合

VS Community 2022の［最近開いた項目］画面で、コードなしで続行を選んだ場合や、すでにソリューションを作成している状態で、別のアプリケーションを作成したい場合はこちらになります。

■ ［ファイル］メニューを表示する

［ファイル］メニューから［新規作成］→
［プロジェクト］を選択します

［新しいプロジェクト］ダイアログボックスが表示されたら、プロジェクト作成に必要な情報を入力します。

これ以降は、「スタートメニューから起動して、プロジェクトを作成する場合」の手順❸と同じです。

まとめ

● VS Community 2022の環境からプログラムを作成するためには、新しいプロジェクトを作成する。
● 新しいプロジェクトを作成するには、メニューから選択する方法とアイコンをクリックする方法がある。

❖用語のまとめ

用語	意味
プロジェクト	プログラムファイルの集まりを開発環境でまとめて管理する単位
ソリューション	1つ以上の複数のプロジェクトを集めて管理する単位。VS Community 2022では「.sln」という拡張子で管理する。「*.sln」ファイルをダブルクリックするとVS Community 2022が起動する

プログラムの記述

アプリケーションを作る場合、アプリケーションの画面をまず先に作ります。そして、画面に見えている値を設定します。このデザイン画面で値を設定することもできます。ここでは、雰囲気だけつかんでください。

●デザイン画面で値を設定する

いよいよ**プログラムを書く***作業に入ります。まずは準備です。VS Community 2022を起動した後、ツールボックスを常にピン留めして表示する状態にしておき、見やすくします。以降、本書ではこの設定で画面の説明を行います。

1 [Label] コントロールをドラッグ＆ドロップする

画面にラベルを配置するためにツールボックスから [Label] コントロールを選択し、デザイン領域にドラッグします

💡ヒント [Label] コントロールは、ツールボックスの [共通コントロール] の中にあります。見つからない場合は、ツールボックスの検索ウィンドウに「Label」と入力すると見つかります。共通コントロールの中にあるコントロールは、頻繁に使いますので、ある程度位置を覚えておくことをお勧めします。

---

* **プログラムを書く** プログラムを書くことを「コーディング」と言う。

② ガイド線が表示される

❶ ツールボックスから、フォームの画面上に先に、ドロップする大体の位置を決めてドロップします

❷ 位置合わせがしやすいように、[Label] コントロールを貼り付ける位置にガイド線が表示されますので、ガイド線に合わせてForm画面上での [Label] コントロールの位置を調整します

ヒント コントロールをドラッグしているときに出る位置合わせのガイド線のことを「スナップライン」と言います。

③ 名前が自動的に付けられる

[Label] コントロールを画面に貼り付けた直後は、VS Community 2022 が自動的に名前を付けてくれています

自動的に付けられた名前は、次のようになっています。

コントロール名＋数値

このままにしておくと、後からこの部品を使いたいとき、どんな目的の部品だったのか忘れてしまうので、ご自分で名前を付けることをお勧めします。名前は、画面右下の**プロパティウィンドウ**を使って、[Label]コントロールの(Name)プロパティに新しい名前を入力します。詳しくは、3.3節で説明しますので、今は「Label1」のままにしておきます。

次に、新しくできた「Label1」に表示する値をプロパティウィンドウで設定します。

1 Textプロパティの値を設定する

「Label」のTextプロパティの右側にある入力可能エリアに「こんにちは」という値を入力します

ヒント Form1のデザイン画面で、先ほど画面に置いたLabelコントロールをクリックした状態で右下のプロパティウィンドウにLabelコントロールのプロパティが表示されます。Textプロパティは、[Design] [データ] [配置] などのカテゴリ分けの一番下の [表示] のカテゴリにアルファベット順で表示されています。プロパティの最後からたどると見つけやすいです。

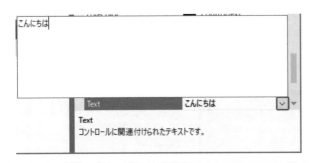

ヒント Textの値が直接変更できない場合は、入力エリア右側の [∨] ボタンをクリックして入力領域を拡張してください。

2 「Label1」の値が変更された

「Label1」の値が変更されました

　これでプログラムはひとまず完成です。あれ？　ちょっと物足りないですか？　ここまでですと、ほとんどVS Community 2022の便利な機能が行ってくれてしまうため、プログラムコードを書く必要がありません。

●プログラムコードで値を設定する

今度は、プログラムコードで値を設定してみます。まずプログラムコードを表示させます。

1 Windowsフォームをダブルクリックする

Form1と表示されているタイトルバーをダブルクリックします

2 プログラムコードが表示される

❶ プログラムコードのひな形が表示されます

❷ カーソルが点滅している箇所にコードを入力します。背景色も薄くなっていて、ここにコードを書くということがわかるようになっています

3 ［Text］プロパティの値を設定する

「Label1」のTextプロパティの値に"こんにちは"を設定したいので、「Label1.Text = "こんにちは"」と入力します

なお、英数字と記号は、必ず**半角**で入力してください。また、英語のスペルは**大文字**と**小文字**の区別も正確に入力する必要があります。全角で入力すると正しく動作しないので、注意してください。

次の画面は、間違って全角で入力した例です。赤い波線が表示されて、間違いが指摘されます。赤い波線が表示された場合は、何らかの間違いがありますので、修正しましょう。詳しい修正の方法等は、Chapter6で学習します。

いかがでしょうか、入力できましたか？　ここまでできれば、プログラムの完成です。

まとめ

- ⦿ VS Community 2022を使うと、Windowsフォーム上で動作するプログラムが簡単に書ける。
- ⦿ デザイン画面やプログラムコードで値を設定することができる。

プログラムのコンパイルと実行

この節では、プログラムをコンパイルしてアプリケーションで実行する方法とコンパイル、ビルドの概念を説明します。

●プログラムをコンパイルする

　画面の作成は終わりました。今度は実際にプログラムを動かしてみたいですね。プログラムを動かすためには、コンピューターにわかる言葉の**機械語**＊に翻訳する必要があることを前に説明しましたが、この翻訳作業のことを**コンパイル**と言います。

図2-1：コンパイルのイメージ

　コンパイルでは、1つのプログラムファイルを機械語に翻訳する作業だけになります。実際に動くようにするには、関連する様々な情報をくっつけてあげなくてはいけません。関連する様々な情報をくっつけることを**リンク**と言います。

　Windowsアプリケーションの場合は、.NET 7.0という便利な仕組みがあるため、直接、機械語に翻訳されず、**中間言語**に変換されます。

＊ **機械語**　機械語は、コンピューターが直接理解できる言語となるため、正確には23ページの表1-1の説明のように、0と1だけの2進数で表現されます。ただし、図2-1、図2-2では、0と1だけだと雰囲気がわからないため、書いたコードをコンピューターに伝える形式に変換されている様子がイメージできるように、アセンブリ言語のコードにしています（.NETの場合は、中間言語になります）。

このようなコンパイル、リンク、中間言語生成までの一連の作業をまとめて行ってくれるVS Community 2022の便利な機能のことを**ビルド**と言います。

図2-2：ビルドのイメージ

VS Community 2022を用いて作成されたプログラムは、ビルドをすることで実行できるようになります。

●アプリケーションを実行する

VS Community 2022で作成されたアプリケーションを実行するためには、[▶（プロジェクト名）] ボタンをクリックします。

間違いを修正する作業のことを**デバッグ**と言いますが、[▶（プロジェクト名）] ボタンをクリックすると、ビルドとともにプログラムの間違いを修正しながらアプリケーションを実行し始めます。

1 [▶ WinFormsApp1] ボタンをクリックする

[▶ WinFormsApp1] ボタンを
クリックすると、自動的にビルド
が実行され、さらに作成したアプ
リケーションが実行されます

ヒント [Windows フォームアプリケーション (.NET Framework)]を選んだ場合は、[▶開始]ボタンになっ
ています。

2 Form1 が起動する

プログラムに間違いがなければ
デザインしたForm1 が起動され
て、「こんにちは」と表示されます

以上の操作で、プログラムのビルドと実行が完了しました！

ここまで、いかがだったでしょうか？ 理解を深めるために次の練習問題にもチャレンジしてみてください。

練習1

表示される文字を "○○さん、こんにちは" にしてみましょう。○○は、任意の人の名前です。

練習2

ツールボックスから、Label コントロール以外のコントロールをドラッグして、文字を表示させて
みてください。TextBox コントロールとButton コントロールがお勧めです。

まとめ

● VS Community 2022で作成されたアプリケーションの実行方法は、[▶（プロジェクト名）] ボタンをクリックする。

用語のまとめ

用語	意味
コンパイル	プログラミング言語で書いたプログラムをコンピューターにわかる言葉である機械語に翻訳すること
リンク	実際に動くものを作るために、必要な情報をくっつけること
実行	コンパイル、リンクが終わったプログラムを動作させること
ビルド	コンパイル～リンクまでの一連の作業をまとめて行ってくれる便利な機能のこと

Column 実行可能ファイルの「.exe」ファイルはどこにできるか？

作成したアプリケーションは、「.exe」という拡張子になります。このファイルは実際にはどこにできるのでしょうか？　次の2.6節で解説する、プロジェクトを保存する際に指定したフォルダー以下は、下の画面のようにbinの下にDebug、さらに net7.0-windowsのフォルダーがあり、さらにその下に「.exe」があるという構造になっています。

この「.exe」ファイルのことを実行可能ファイルと呼び、コピーすれば、別の場所でも動かすことができます（ただし、動作環境として、.NET 7.0がインストールされている必要があります）。

6 プログラム（プロジェクト）の保存

文章作成アプリケーションなどのアプリケーションでは、作成途中のデータを保存しておくことができますね。統合開発環境であるVS Community 2022も同様に、作成途中のプロジェクトを保存しておくことができます。

●プロジェクトを保存する

それでは、現在作成中のアプリケーションを保存してみましょう。

保存される単位は、ソリューションエクスプローラーで管理されている**ソリューション**の単位で保存されます。

❶ ［ファイル］メニューを表示する

❶ ［ファイル］メニューから［すべて保存］を選択します

❷ 画面の左下に「アイテムが保存されました」というメッセージが表示されます

ヒント ［すべて保存］ボタンをクリックしても同じです。

[新しいプロジェクトを構成します] 画面に [ソリューションとプロジェクトを同じディレクトリに配置する] のチェックボックスがあります。

このチェックボックスにチェックを入れた場合と入れない場合では、プロジェクトファイル (*.vbproj) とソースコードファイルの保存先が異なります。

チェックボックスにチェックを入れない場合は、ソリューション名に記述した名前のフォルダーが作成され、プロジェクトファイルやソースコードファイルがそのフォルダー以下に保存されます

チェックボックスにチェックを入れた場合は、ソリューションファイル「*.sln」と同じ場所に、プロジェクトファイルとソースコードファイルが保存されます。プロジェクトが複数ある場合は保存先に向いていません

●その他の保存方法

アプリケーションの作成中、保存せずにVS Community 2022を閉じた場合、変更の保存を確認するダイアログボックスが表示され、そこからでも保存できます。

■プロジェクトを保存せずに終了する

プロジェクトを保存しないまま、［ファイル］メニューの［終了］や［×］ボタンを使ってVS Community 2022を閉じます

2 変更の保存を確認するダイアログが表示された

1 変更の保存を確認するダイアログボックスが表示されます

2 変更を保存する場合は、[保存] ボタンをクリックします

その後は、ソリューションが保存されます。

●プロジェクトを開く

保存されたプロジェクトを開く方法を3つ説明します。

●メニューから選ぶ方法

1 [ファイル] メニューを表示する

[ファイル] メニューから [開く] → [プロジェクト/ソリューション] を選択します

2 [プロジェクト／ソリューションを開く] ダイアログが表示される

❶ [プロジェクト／ソリューション
を開く] ダイアログボックスが
表示されます。開きたいソ
リューションファイル（拡張子
が.sln）を選択します

❷ [開く] ボタンをクリックするか、選択したソリューションファ
イルをダブルクリックすると、VS Community 2022 が起動
して、選択したソリューションが編集できるようになります

ヒント ソリューション
ファイルの拡張子
は、「.sln」です。

●最近使ったプロジェクトから選択する方法

1 [スタートページ] を表示させる

いったんVS Community 2022を起動
して、[スタートページ] の [最近開いた
項目] のリストから、起動したいアプリ
ケーションのソリューションを選びます

●アイコンをダブルクリックする方法

■ソリューションファイルのアイコンをダブルクリックする

エクスプローラーを使って、開きたいソリューションファイルのアイコンを選択し、ダブルクリックします

 ヒント ソリューションファイルのアイコンをVS Community 2022の画面にドラッグ＆ドロップしてもプロジェクトを開くことができます。

まとめ

- ◉ VS Community 2022は、プログラムをプロジェクトまたはソリューションの単位で保存している。
- ◉ アプリケーションを作成する小さな単位がプロジェクトで、プロジェクトをまとめたものがソリューションになる。
- ◉ 保存したソリューションを開く場合、ソリューションのアイコンをダブルクリックしても開くことができる。

プログラム作成の基本を覚える

さて、いよいよプログラムの作成に入ります。簡単なアプリケーションを作りながら、Visual Basicの記述方法と、Visual Studio Community 2022の使い方を学んでいきます。

このChapterの目標

- ✅ Visual Studio Community 2022を使って、アプリケーションの画面の作成方法を学ぶ。

- ✅ Visual Basicでの変数や、代入文の使い方を学ぶ。

- ✅ テキストボックスのデータの取り出し方や、計算した値の表示方法を学ぶ。

簡単計算プログラムの完成イメージ

「簡単計算プログラム」の作成を通して、アプリケーションをどのような手順で作るかを体験しましょう。

●アプリケーション作成の流れ

　さっそくアプリケーションを作りましょう。Visual Studio Community 2022（本章では以降、VS Community 2022と表記します）を使い、画面上にボタンがあって、そのボタンをクリックするとアプリケーションが処理を行うという最も基本的なアプリケーションを作ります。

　アプリケーション作成の流れは、以下のようになります。

【手順❶】完成イメージを絵に描いて、画面に対する機能を書いてみる。
【手順❷】VS Community 2022で、手順❶の絵のように画面を作成する。
【手順❸】画面の値を設定する。
【手順❹】コードを書く。
【手順❺】動かしてみる。
【手順❻】修正する。
【手順❼】完成したアプリケーションを配る準備をする。

　では、流れに沿って、実際にアプリケーションを作成していきましょう。

●完成イメージをつかむ

　VS Community 2022でのプログラム作成の雰囲気をつかむために、まず最初に**簡単計算プログラム**というアプリケーションを作ります。「簡単計算プログラム」は「入力した2つの値を足し算して表示させる」というアプリケーションです。

　先ほど説明したアプリケーション作成の流れに従い、**完成イメージ**を絵に描いて、画面に対する機能を検討してみることにします。

　料理を作るときも同じですが、出来上がりがイメージできないと、その途中の作業の順番もイメージしづらいものです。まずは慣れるまでは、紙などに作りたいアプリケーションのイメージを描くことをお勧めします。やがて、いくつかアプリケーションを作成して慣れてくれば、頭の中でもアプリケーションをイメー

ジできるようになるかと思います。

　イメージは、紙に描くのが一番お手軽ですが、ワープロや描画ソフトなどでもかまいません。

図3-1：完成イメージを絵に描いて、画面に対する機能を検討する

　このように完成した画面のイメージを描くことを**画面設計**と言います。

　実際の完成イメージは、次ページの画面のようになります。いかがでしょうか？　自分でアプリケーションが作れそうですか？

●完成イメージ（デザイン画面）

●完成イメージ（実行画面）

入力値1を入力します

入力値2を入力します

計算結果を表示させます

ボタンをクリックすると、計算を開始します

 まとめ

● プログラムをする前に、完成イメージをつかむことが大事。
● 画面に対する機能を検討するため、完成イメージを絵に描いてみるとよい。

∷用語のまとめ

用語	意味
画面設計	完成した画面のイメージを描くこと

2

画面の設計①
（フォームの作成）

Windowsアプリケーションの「ひな形」がフォームです。ここでは、画面作成の流れと、画面のひな形の作成方法を覚えましょう。

●画面作成の流れ

　古いプログラミング言語では、画面の完成イメージを見ながら、画面の部品をすべてプログラミングしていました。しかし、VS Community 2022では、アプリケーションの画面は、**ひな形***となる画面に部品をドラッグ&ドロップするだけで作成できます。

　それではVS Community 2022を起動してください。まずは画面を作成しましょう。
　画面の作成は、主に以下の手順で行います。描いた絵に従って画面を設計したら、「ひな形」となる**Windowsフォーム**にいろいろな部品を配置して、画面を作成していきます。

【手順❶】 VS Community 2022を起動する。
【手順❷】 ［ファイル］メニュー➡ ［新規作成］➡ ［プロジェクト］を選択する。
【手順❸】 テンプレートから、［Windowsフォーム］を選択する。
【手順❹】 プロジェクト名を入力する。
【手順❺】 Windowsアプリケーションのひな形が完成する。

　　　　　　　　　　　　　　　　　　　　　　　ひな形
　　　　　　　　　　　　　　　　　　　　　　　の作成

【手順❻】 「入力値1」を画面に配置する。
【手順❼】 ＋を配置する。
【手順❽】 「入力値2」を画面に配置する。
【手順❾】 ＝を配置する。
【手順❿】 「計算結果」を配置する。
【手順⓫】 ［計算する］ボタンを配置する。
【手順⓬】 Windowsフォームに名前を付ける。

　　　　　　　　　　　　　　　　　　画面の作成

【手順⓭】 動かしてみる。　　　　　　　　　動作確認

---

* **ひな形**　一般的には何かを作るときの元になる定型的なデータやファイル、書式のことを指します。ここでは、Windowsフォームが最低限持っている土台にあたります。「テンプレート」とも言います。

●ひな形を作成する

それでは、3.1節で描いた画面の絵を元に、手順に沿って画面を作成してみましょう。

1 VS Community 2022を起動する

［スタート］メニューから
［Visual Studio 2022］を
クリックして起動します

2 ［新しいプロジェクトの作成］メニューをクリックする

VS Community 2022が起動
したら、［新しいプロジェクト
の作成］をクリックします

🔢 [Windows フォームアプリ] を選択する

❶ [新しいプロジェクトの作成] 画面の上部の検索テキストボックスに [WinForms] と入力して、テンプレートの種類を絞り込みます。さらに、言語は [Visual Basic]、プラットフォームは [Windows]、プロジェクトの種類は [デスクトップ] を選択して絞り込むこともできます

❷ 右側の絞り込んだテンプレート一覧から [Windows フォームアプリ] を選択します

❸ [次へ] ボタンをクリックします

💡ヒント [Windows フォームアプリケーション (.NET Framework)] を選択すると .NET Framework アプリの作成となります。どちらでも、同じアプリの作成が可能です。

🔢 プロジェクト名を入力する

[プロジェクト名] 欄に「SimpleCalc」と入力して、[作成] ボタンをクリックします

場所は、規定値の「C:¥Users¥{ユーザー名}¥Source¥Repos」のままとします

💡ヒント 「SimpleCalc」は、Simpleな (簡単な) Calculator (計算機) という意味です。プロジェクト名には、「簡単計算プログラム」だということがわかる名前を付けてください。また、[ソリューション名] 欄が自動入力されますが、そのままでかまいません。「SimpleCalc」のように、間を空けずに、単語の先頭だけを大文字にする書き方がよく使われる名前の付け方 (**命名規則**) です。

5 フレームワークを選択する

❶ ［追加情報］画面の［フレームワーク］欄で「.NET 7.0（標準用語のサポート）」が選択されていることを確認します

❷ ［作成］ボタンをクリックします

6 「ひな形」ができる

Windowsフォームアプリケーションの「ひな形」が作成されました

ヒント この画面に対し、必要な部品（コントロール）を貼り付けて画面をデザインします。

 まとめ

● Windowsアプリケーションのひな形が「フォーム」である。

画面の設計②（画面の作成）

前節で作成したフォームにボタンやテキストボックスと呼ばれる部品を配置する方法と、それぞれの部品が持つ値が設定する方法を覚えましょう。

●画面を作成する

次に画面設計でデザインした通りに、画面を作成していきます。

●「入力値1」を画面に配置する

まず、「入力値1」を画面に配置します。

■ TextBox コントロールを画面にドラッグ＆ドロップする

ツールボックスの［コモンコントロール］から［TextBox］コントロールを選んで、画面にドラッグ＆ドロップします

ヒント ツールボックスから適切な部品を選んで画面にドラッグ＆ドロップします。値を入力したいので、この場合、TextBoxコントロールが最適です。

ヒント ツールボックスのどこにあるかわからない場合、［ツールボックスの検索］欄に目的のコントロール名の一部（例えば、textなど）を入力して検索できます。

2 TextBoxコントロールが画面に貼り付いた

① [TextBox] コントロールを画面に貼り付け終わりました

② 後からわかりやすいように*、プロパティウィンドウ*を使って貼り付けた [TextBox] コントロールに名前を付けます

💡ヒント プロパティウィンドウに、この [TextBox] コントロールの内容が示されます。

💡ヒント デザイン画面に直接、文字を入力できません。

3 TextBoxコントロールに名前を付ける

① プロパティウィンドウにあるプロパティの一覧から(Name)を表示します

② 右側の入力可能なエリアに「Input1 TextBox」という値を入力します

💡ヒント 名前を付けたいので、それらしいプロパティを探します。この場合は、(Name)プロパティがそれにあたります。

💡ヒント プロパティウィンドウの下側には選択中のプロパティの説明が表示されます。

---

* 後からわかりやすいように　TextBoxやLabelなど複数のコントロールを画面に貼り付けた後、コードで操作するときに、TextBox1やTextBox2のままだと、どんな役割を持たせたコントロールなのかがわかりづらいため、それぞれのコントロールの役割がわかるような名前を付けます。

●＋を配置する

次に演算記号の「＋」を画面に配置します。

4 Labelコントロールを画面にドラッグ＆ドロップする

ツールボックスの［コモンコントロール］から［Label］コントロールを選んで、画面にドラッグ＆ドロップします

ヒント 表示するだけなので、この場合はLabelコントロールという部品が最適です。

5 Labelコントロールに名前を付ける

［Label］コントロールに名前を付けるため、プロパティウィンドウの(Name)プロパティに「PlusLabel」と入力します

＊プロパティウィンドウ　　プロパティは、画面に貼り付けた部品の「データ（値）」の部分のこと。プロパティウィンドウは、そのプロパティを設定・変更する領域になる。詳しくは、6.2節「プロパティ、メソッド、イベント、イベントハンドラー」で後述。

6 Textプロパティに「＋」を入力する

「＋」という値を表示させるため、[Label]コントロールのTextプロパティに「＋」と入力します

🔵 ヒント Textプロパティに入力した値は、画面に表示されるようになります。ここでは「＋」を表示させたいので、いろいろなプロパティ項目がある中で、Textプロパティを選んで値を入力すると表示されます。

7 TextBoxコントロールとLabelコントロールの位置を揃える

このままでは若干バランスが悪いので、入力値1と「＋」の文字の底辺をマウスでクリックしながら揃えます

🔵 ヒント スナップライン＊で、文字の高さが揃っていることが示されます。

●「入力値2」を画面に配置する

さらに、「入力値2」を画面に配置します。

＊**スナップライン**　コントロールをドラッグしているときに表示される位置合わせのガイド線のこと（Chapter2の72ページを参照してください）。

8 TextBox コントロールを画面にドラッグ＆ドロップする

「入力値2」に値を入力したいので、
[TextBox] コントロールを同様に画面に
ドラッグ＆ドロップします

9 「入力値1」と「入力値2」の位置を揃える

このままでは若干バランスが悪いので、
「入力値1」と「入力値2」の文字の底辺を
マウスでクリックしながら揃えます

ヒント スナップラインで、文字の高さが揃って
いることが示されます。

⑩ TextBoxコントロールに名前を付ける

[TextBox] コントロールに名前を付ける
ため、プロパティウィンドウの（Name）プ
ロパティに「Input2TextBox」と入力し
ます

● ＝を配置する

今度は、等号の「＝」を画面に配置します。

⑪ Labelコントロールを画面にドラッグ＆ドロップする

[Label] コントロールをデザイン画面
にドラッグ＆ドロップします

💡ヒント 「＝」をデザインします。「＝」は表示
するだけですから、Labelコントロー
ルが最適です。

💡ヒント 「＋」や「＝」のように、ユーザーが何
かを入力するのではなく、ユーザーに
情報を伝えることだけを目的にする
場合、Textコントロールではなく、
Labalコントロールを使用します。

12 Labelコントロールに名前を付ける

❶ [Label] コントロールに名前を付けるため、プロパティウィンドウの (Name) プロパティに「EqualLabel」と入力します

❷ 同様にLabel1のTextプロパティに「=」と入力します

13 Labelコントロールの位置を揃える

「=」の位置を微調整します

●「計算結果」を配置する

今度は、「計算結果」を画面に配置します。

14 TextBoxコントロールを画面にドラッグ＆ドロップする

「計算結果」は値を入力したいので、[TextBox] コントロールですね！

💬 ヒント いかがでしょうか。説明がなくても想像できましたか？

15 TextBox コントロールに名前を付ける

名前は、(Name) プロパティに「AnswerTextBox」と入力してください

● [計算する] ボタンを配置する

さらにアプリケーションに計算を実行させるためのボタンを配置します。

16 Button コントロールを画面にドラッグ&ドロップする

[Button] コントロールをドラッグ&ドロップします

ヒント 計算するきっかけを作るためにはButtonコントロールという部品が最適です。

17 Button コントロールが画面に貼り付いた

[Button] コントロールが画面に貼り付きました

ヒント バランスが悪いので、次にこのボタンの横幅を変更します。

18 Button コントロールのサイズを調節する

画面に貼り付けた［Button］コントロールの横をつまんで、右に伸ばしてください

19 名前と表示する文字を変更する

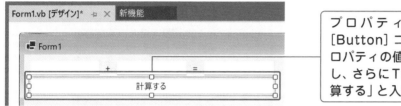

プロパティウィンドウを使って、［Button］コントロールの（Name）プロパティの値を「CalcButton」と入力し、さらにTextプロパティの値を「計算する」と入力します

●フォームサイズを調整する

このままだとフォームが大きすぎるため、サイズを変更します。

20 カーソルを画面の右下に移動する

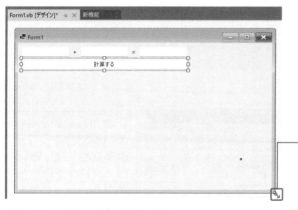

デザイン画面の右下にカーソルを近づけると、カーソルの形が ↖ になります

21 Form1 のサイズを調節する

貼り付けたコントロールがすべて表示されるくらいの余裕を持たせて画面を変形させ、サイズを変更します

Tips プロパティの値の設定

　Form1のサイズは、プロパティでも変更が可能です。Form1のプロパティを表示させて、プロパティの一覧から**Sizeプロパティ**を選び、「400,110」と入力してください。

　また、Sizeプロパティは、ボタンで展開することができます。フォームの幅を示す**Widthプロパティ**や、フォームの高さを示す**Heightプロパティ**に直接値を設定することも可能です。

　プロパティの値の設定方法はいろいろありますが、どれも結果は同じですので、好きな方法で設定してください。

● **Windowsフォームに名前を付ける**

最後にWindowsフォームに名前を付けます。

㉒ Form1 のプロパティを表示させる

[Form1] と表示されている部分をクリックすると、プロパティウィンドウがForm1のプロパティに切り替わります

 ヒント

Form1の名前を変更したいので、Form1のTextプロパティを探します

Tips 部品（コントロール）の一覧から選択する

プロパティウィンドウの［×］ボタンの下にレイアウトされているを［▼］ボタンをクリックすると、この画面で使用した部品（コントロール）が一覧になっています。

その一覧から［Form1］を選択する方法もあります。

初級編
Chapter
3

23 Form1 のタイトル文字を変更する

Textプロパティに「簡単計算プログラム」と入力します

ヒント アプリケーションが何を示すものかが一目でわかるように、タイトルを付けます。初期表示のままでは、Form1になってしまい、何をするアプリケーションなのかがわかりません。そのため、Form1のTextプロパティの値を変更し、何をするアプリケーションなのかがわかるタイトルにします。

24 Form1 のタイトルが変わった

Form1 のタイトルが変わったことがその場で確認できます

●動作を確認する

最後に、出来上がった画面がちゃんと動作するかを確認しましょう。

1 [▶ SimpleCalc] ボタンをクリックする

ツールバーから
[▶ SimpleCalc]
ボタンを選んでク
リックします

2 デザインした画面が表示される

しばらくすると、作成した画面
が起動します

3 動作を確認する

プログラムコードを書かなくても、
画面の表示やテキストボックスに入
力できますね！

　これでアプリケーションの動作確認ができました。ただし、値を入力して [計算する] ボタンをクリックし
ても、まだ何も起こりません。

　実際には「計算するボタンが押された場合に、入力された値を取り出して、演算を行って、結果を表示す
る」という処理を記述する必要があります。

　そのあたりの処理は、次の3.4節以降で作成します。

まとめ

- 画面の作成は、ツールボックスから適切な部品を画面にドラッグ＆ドロップするだけで作成できる。
- ドラッグ＆ドロップした後、コントロールに名前を付ける。
- プロパティウィンドウを使うと、該当するコントロールのプロパティの値を簡単に変更できる。

初級編
Chapter
3

Column Visual Basic は人気の言語？

　PYPL（PopularitY of Programming Language index）は、Google検索エンジンでプログラミング言語のチュートリアルが検索された回数から、対象となるプログラミング言語がどれだけ話題になっているかをインデックス化したものです。

　PYPLの調査結果*によると、2023年1月におけるインデックスは以下のようになっており、Visual Basicは20位になっています。Visual Basicは、世の中的にも人気の言語なのです。

▼話題になっているプログラミング言語

順位	プログラミング言語	インデックス	順位	プログラミング言語	インデックス
1	Python	28.11%	11	Go	1.94%
2	Java	17.35%	12	Rust	1.90%
3	JavaScript	9.48%	13	Kotlin	1.81%
4	C#	7.08%	14	Matlab	1.63%
5	C/C++	6.19%	15	Ruby	1.13%
6	PHP	5.47%	16	VBA	1.03%
7	R	4.35%	17	Ada	0.89%
8	TypeScript	2.79%	18	Dart	0.86%
9	Swift	2.09%	19	Scala	0.62%
10	Objective-C	2.03%	**20**	**Visual Basic**	**0.56%**

＊**PYPLの調査結果**　http://pypl.github.io/PYPL.htmlを参照。

ツールボックスのコントロール一覧（コモンコントロール）

　ツールボックスには便利な部品がたくさんありますが、どのような部品なのかは使ってみないとわかりません。基本的なツールボックスのコントロールについて解説します。

　コモンコントロールは、最も基本的なコントロールです。すべて使いこなせるようになりましょう。

▼コントロール一覧（コモンコントロール）

コントロール名	アイコン		機能
Button	ab	Button	ユーザーがボタンをクリックしたときにイベントを発生させる
CheckBox	☑	CheckBox	関連オプションを選択できるようにする
CheckedListBox	☰	CheckedListBox	左側にチェックの付いた項目の一覧
ComboBox	▤	ComboBox	使用できる値をリスト表示できる。テキストの編集も可能
DateTimePicker	▦	DateTimePicker	日付と時間を選択できる
Label	A	Label	説明表示用のテキストラベル
LinkLabel	A	LinkLabel	ハイパーリンク機能付きラベル
ListBox	▤	ListBox	選択できる項目の一覧
ListView	⠿	ListView	項目の一覧を表示できる
MaskedTextBox	(.)	MaskedTextBox	入力制限の付いたテキストボックス
MonthCalendar	▦	MonthCalendar	カレンダー
NotifyIcon	⌐	NotifyIcon	OSの通知領域にアイコンを作成する
NumericUpDown	▤	NumericUpDown	▼▲をクリックすると数字が上下する
PictureBox	▨	PictureBox	図を表示できる
ProgressBar	▭	ProgressBar	進行状況を表す
RadioButton	◉	RadioButton	ユーザーが1つだけ項目を選択できる
RichTextBox	▤	RichTextBox	色の付いた文字などを扱う
TextBox	abl	TextBox	文字を入出力する
ToolTip	⌐	ToolTip	コントロールの情報を表示する
TreeView	⠿	TreeView	階層構造を表示する
WebBrowser	▣	WebBrowser	Webページを見ることができる（.NET Frameworkのみ）

入力データの取り出し方

4

この節では、TextBoxコントロールのTextプロパティに入力されたデータを取り出すときに必要になる「変数」と「代入」の概念を説明します。実際のサンプルの作成は、次の3.5節で行います。

●プログラムで値を表示する

　3.3節で動かしたアプリケーションは、単純に画面をデザインしただけのアプリケーションなので、入力したデータを取り出す処理を追加でコーディングする必要があります。では、どのように書くとよいのでしょうか？

　画面を作成したとき、それぞれの部品に「Input1TextBox」「Input2TextBox」「AnswerTextBox」などの名前を付けました。

　.NETの世界では、これらの部品のことを**コントロール**と呼び、このコントロールに付けた名前を使って、入力した値を取り出すことができます。

　Buttonコントロールと同様に、値を表示するためには、**TextBoxコントロール**の**Textプロパティ**を使います。Textプロパティは、値を表示するだけでなく、値を取り出すこともできます。

表3-1：コントロールに付けた名前と表示するプロパティ名

No.	コントロールに付けた名前	表示するプロパティ名
❶	Input1TextBox	Textプロパティ
❷	Input2TextBox	Textプロパティ
❸	AnswerTextBox	Textプロパティ

Visual Basicでは、それぞれのプロパティの値を以下のように指定します。

文法　**値を指定する**

```
コントロール名.プロパティ名
```

そして、値を設定する場合は、以下のように書きます。

文法 **値を設定する**

```
コントロール名.プロパティ名 = 値
```

実際に、計算結果を示すAnswerTextBox（TextBoxコントロール）のTextプロパティにプログラムから値を設定したい（表示させたい）場合は、

```
AnswerTextBox.Text = 値
```

と書きます。「=」の右側には、計算式を書くことができるので、以下のように書くこともできます。

```
AnswerTextBox.Text = 12 + 34
```

私たちが使う数式では、12 + 34 = xと書くのが一般的ですが、プログラミング言語では、

```
x = 12 + 34
```

という書き方になります。イメージしにくい方は、

```
x ← 12 + 34
```

と、イメージしてください。「←」が「コンピューターに代入を指示する」という意味になります。

このような書き方をする理由は、プログラミング言語が計算式を解析しやすいとか、コンピューターの中身の関係で都合がよいからなど、様々な理由があります。

「←」という記号の代わりに「=」を使って、表現していると考えてください。

この12と34の値を入力値のTextBoxコントロールから取り出すことができれば、「簡単計算プログラム」ができそうですね。

● プログラムで値を取り出す

値を取り出す場合は、

> **文法**　**値を取り出す**
>
> 値の入れ物 = コントロール名.プロパティ名

と書くことで取り出すことができます。

　この「値の入れ物」のことを**変数**（へんすう）と言います。変数は、一時的に様々な値を記憶しておくための値の入れ物です。なぜ、値を記録するのかというと、プログラムで値をやり取りするときに便利になるためです。

　値には、「123」といった**数値**や「ABC」といった**文字列**、「2023年1月1日」といった**日付**など、様々な種類があります。この種類のことを**データ型**（もしくは単純に**型**）と言います。

　Visual Basicのプログラムで変数を扱う場合は、**変数に入れる値のデータ型**を決める必要があります。このことを**変数の型宣言**と言います。
　変数の型宣言は、以下のように書きます。

> **文法**　**変数の型宣言をする**
>
> Dim 変数名 As データ型名

　あらかじめ、このように型宣言をしておいた変数を使うことで、値を取り出す場合は、次のように

> **文法**　**変数を指定する（値を取り出す）**
>
> 変数名 = コントロール名.プロパティ名

と書けるようになります。

::: Tips　型宣言の最初のDimって何？

　Dimステートメントは、もともとVisual Basicの祖先であるBASICで、まとまった変数である「配列」の次元数を宣言する命令のDimensionを略した形式の命令でした。それが広がって、変数の宣言でも使われるようになったのです。

***配列**　同じデータ型の変数の集合のこと。この配列の中に配列を格納することを「多次元配列」と言う。詳しくは、7-1節を参照。

主なデータ型の種類は、下の表のようになっています（そのほかの種類は、116ページを参照してください）。

表3-2：主なデータ型の種類

データ型名	分類	意味	例	コード例
Integer	整数	整数を表す型	123	`Dim valueRight As Integer`
String	文字列	文字の集まりを表す型	"ABC"	`Dim txtValue As String`
Date	日付	日付・時間を表す型	1月1日	`Dim nowDate As Date`
Double	小数	大きな範囲の小数を表す型	3.141592654	`Dim d1 As Double`
Single	小数	小さな範囲の小数を表す型	1.2	`Dim s1 As Single`

実際のVisual Basicのプログラムでは、以下のように書きます。

List 1 サンプルコード（変数の型宣言と変数への代入の記述例）

```
❶ Dim valueLeft As Integer
❷ Dim valueRight As Integer
❸ Dim valueAnswer As Integer

❹ valueLeft = Input1TextBox.Text
❺ valueRight = Input2TextBox.Text
❻ valueAnswer = valueLeft + valueRight

❼ AnswerTextBox.Text = valueAnswer
```

表3-3：List1のコード解説

No.	コード	内容
❶	`Dim valueLeft As Integer`	Integer型の変数valueLeftを宣言しています
❷	`Dim valueRight As Integer`	Integer型の変数valueRightを宣言しています
❸	`Dim valueAnswer As Integer`	Integer型の変数valueAnswerを宣言しています
❹	`valueLeft = Input1TextBox.Text`	変数valueLeftにInput1TextBoxコントロールのTextプロパティの値を代入します
❺	`valueRight = Input2TextBox.Text`	変数valueRightにInput2TextBoxコントロールのTextプロパティの値を代入します
❻	`valueAnswer = valueLeft + valueRight`	変数valueAnswerにvalueLeftとvalueRightを足した値を代入します

❼	`AnswerTextBox.Text = valueAnswer`	AnswerTextBoxコントロールのTextプロパティに変数valueAnswerの値を代入します

変数名は、自分で好きなように付けられますが、例えば「a」「b」「c」などあまりにも単純な名前を付けてしまうと、後で意味がわからなくなってしまうので、ある程度意味を持った名前（名詞）を付けることをお勧めします。

また、変数名に「Integer」など、Visual Basicがすでに別の意味（この場合は、次に説明するデータ型名）で使用している単語は、使用できません（**予約語**と言います）。

さて、TextBoxコントロールのTextプロパティの値は、Stringという**文字列**を扱うデータ型です。

一方、変数の型宣言をしたIntegerというデータ型は、**整数**を扱うデータ型です。原則的に整数型の変数に、文字列型の値を代入することはできません。（実際にできてしまうのは、Visual Basicが内部的に自動で変換処理を行ってくれているからです）

そこで、文字列を数値など、別のデータ型に変換するには、.NET 7.0が用意している便利な方法を使います。文字列を数値に変換するには、以下のように**Parse()メソッド***を使って書きます。

> **文法** **Parse()メソッドの使い方**
>
> 変換後の変数名 ＝ データ型名.Parse(変換前の文字列)

> **Tips** **Parseの意味は？**
>
> **Parse**は「解析する」という意味です。まず文字列を解析してから、別のデータ型に変換する処理を行ってくれます。自分で別のデータ型に変換する処理をわざわざ書かなくても、Visual Basicが用意してくれているものを使うというわけです。

逆に、数値などのデータ型を文字列に変換するには、以下のように**ToString()メソッド**を使って書きます。これで、文字列型に変換されます。

> **文法** **ToString()メソッドの使い方**
>
> 変換後の変数名 ＝変換前の変数名.ToString()

---

* **メソッド** プログラムの「処理」にあたる部分。詳しくは、6.3節「プロパティ、メソッド、イベント、イベントハンドラー」で後述。

だいぶコードが長くなってきましたね。

ところで、Visual Basicでは、プログラムの中に「このコードはこんなことを意味している」ということをメモ書きすることもできます。プログラミングの用語では、**コメント**と言います。コメントは実際のプログラムには影響しません。

具体的には、「'」（シングルクォーテーション）の後ろがコメントになります。1行丸ごとコメントにすることもできますし、プログラムと同じ行にコメントを書くこともできます。その場合は、「'」の後ろがすべてコメントになります。

List 2 サンプルコード（コメントの例）

```vb
' コメントの例
Dim valueRight as Integer ' コメントの例
```

ここまでの説明をまとめると、以下のようなコードになります。

以下のコードは、List1で書いたサンプルコードを元にしています。実際にVS Community 2022を使ってコードを書くのは、少しお待ちください。「実際にどこに書くのか？」の解説の後（3.5節のList5）になります。まずは、コードの雰囲気を感じてください。

List 3 サンプルコード（Parse()メソッド、ToString()メソッド、コメントの記述例）

```vb
' 変数の宣言
Dim valueLeft As Integer                          '入力値1用の整数型変数
Dim valueRight As Integer                         '入力値2用の整数型変数
Dim valueAnswer As Integer                        '計算結果用の整数型変数
' 値の取り込み
valueLeft = Integer.Parse(Input1TextBox.Text)     '入力値1を整数型に変換後代入
```

```
valueRight = Integer.Parse(Input2TextBox.Text)     '入力値2を整数型に変換後代入


' 取り込んだ値の計算
valueAnswer = valueLeft + valueRight


' 計算結果を出力
AnswerTextBox.Text = valueAnswer.ToString()          '文字列に変換後代入
```

コメントを多少大げさに書いていますが、後でコードを見たときに、何を行っているかがわかるレベルで書くとよいでしょう。

ただし、コメントが多すぎてもどこがコードなのかわかりづらくなるので、「1行丸ごとコメント」はまとまった処理の単位で、「1行の横に書くコメント」はコードに注釈を書き留めたいときに書くのが目安です。

この節では、入力データの取り出し方を学びました。この入力データの取り出しと計算を行っているコードは、実際にどこに書けばよいのでしょうか？　次の3.5節で見ていきます。

✏️ **まとめ**

● プログラムからコントロールの値を変更したり、取り出すことができる。
● 値を加工するために変数を使う。
● 文字列と数字は、異なるデータ型なので変換しなければならないが、.NET 7.0が用意している便利なコードがある。

用語のまとめ

用語	意味
変数	値の入れ物のこと
データ型	変数に入れる値の種類のこと

Column データ型の種類

　本文112ページで主なデータ型を紹介しましたが、ほかにもいろいろな種類があります。以下の表に改めてまとめておきます。

▼データ型の種類

型の名称	分類	意味	範囲
Short（ショート）	整数	小さな範囲の整数を表す型	-32,768 ～ 32,767
Integer（インテジャー）	整数	整数を表す型	-2,147,483,648 ～ 2,147,483,647
Long（ロング）	整数	大きな範囲の整数を表す型	-9,223,372,036,854,775,808 ～ 9,223,372,036,854,775,807
Single（シングル）	小数	小さな範囲の小数を表す型	$\pm 1.5 \times 10^{-45}$ ～ $\pm 3.4 \times 10^{38}$
Double（ダブル）	小数	大きな範囲の小数を表す型	$\pm 5.0 \times 10^{-324}$ ～ $\pm 1.7 \times 10^{308}$
Boolean（ブーリアン）	論理	「はい」「いいえ」の2つの値を持つ型	「True」と「False」のみ
Decimal（デシマル）	10進数	28桁まで使える10進数の型	28桁まで誤差なく扱える。お金の計算に使用することが多い
Date（デイト）	日付	日付を表す型	0001年1月1日00:00:00 ～ 9999年12月31日23:59:59
String（ストリング）	文字列	文字列を表す型	

　整数のデータ型が複数あって、どれを使っていいか迷ってしまうかもしれませんね。まずはInteger型で大丈夫です。21億を超える値を扱うのであれば、Long型を検討するくらいでよいでしょう。小数は、Double型を基本的に使用します。

　なお、Visual Basicのデータ型は、すべて先頭が大文字になります。

ボタンをクリックしたときの処理の書き方

5

この節では、ボタンがクリックされたときに実際に行われる処理を追加する方法と、その処理の内容の書き方を説明します。

●デザイン画面からコード画面に切り替える

　3.4節では、値の取り出し方を解説しました。では、この値を取り出すコードは、どこに書けばよいのでしょうか？　ボタンがクリックされたときに、この処理が実行されるとちょうど良さそうですね。でも、ボタンがクリックされたときのコードは、どうやって書くのでしょうか？

　開発環境がない場合や、昔のプログラミング言語では、まさにこのコードを書くことがとても大変でした。VS Community 2022を使うと、以下のような手順になります。さっそく見ていきましょう。

　まず、デザイン画面からコード画面（プログラムコード）に切り替えます。

1 [計算する] ボタンをダブルクリックする

デザイン画面に作成した [計算する] ボタンをダブルクリックします

ヒント　画面を切り替える方法については、本文126ページのコラムも参考にしてください。

② コード画面に切り替わった

① デザイン画面からコード画面に切り替わります

② このカーソルが点滅している箇所にコードを記載します

● 自動生成されたコードを確認する

デザイン画面からコード画面に切り替わったら、自動生成されたコードを見てみましょう。カーソルが点滅している箇所にコードが記載されています。コードを入力するときも、この部分に書いていきます。

コードの意味をざっくりと見ていきましょう。

① Windows フォームのコードを確認する

Windowsフォームアプリケーションでは、フォーム(Form)をクラス*として定義しています

---

* **クラス**　プログラムにおいて、共通した目的を持ったデータと処理の集まりで、「ひな形」「抜き型」に相当するもの。詳しくは、6.3節「クラス、インスタンス」で後述。

2 ボタンをクリックしたときの動作のコードを確認する

このクラスの中に［計算する］ボタンをクリックしたときの「動作」（イベントハンドラー※）のコードが入ります

ここまでを VS Community 2022 が自動的に書いてくれます。

3 ボタンをクリックしたときの処理をコーディングする

次に［計算する］ボタンがクリックされたときに実行させたい「処理」を、この部分にコーディングしていきます

※ **イベントハンドラー**　プログラムにおいて、何かのきっかけ（イベント）が発生したときに、実際に呼ばれる処理のこと。詳しくは、6.2節「プロパティ、メソッド、イベント、イベントハンドラー」で後述。

コードを簡単に図式化すると、以下のように3層構造になります。

クラス

イベントハンドラー

処理

Windowsフォームの大枠を表します

ボタンをクリックしたというイベント*が発生したとき、対応する動作（イベントハンドラー）が呼ばれます。簡単に言うと、[計算する] ボタンをクリックすると、ここから処理が始まります

ボタンをクリックしたときの処理の内容をここに書きます

ファイル名:Form1.vb

図3-2：**コードの構成（クラス、イベントハンドラー、処理）**

3.4節で説明したコードを実際に当てはめてみると、以下のList1のようになります。
実際にコード画面から書いてみましょう。　　　　　の部分は、自動で記述される部分です。

List 1 **サンプルコード（[計算する] ボタンをクリックしたときの動作の記述例：Form1.vb）**

```
Public Class Form1
    Private Sub CalcButton_Click(sender As Object,
                               e As EventArgs) Handles CalcButton.Click
        ' 変数の宣言
        Dim valueLeft As Integer      '入力値1用の整数型変数
        Dim valueRight As Integer     '入力値2用の整数型変数
        Dim valueAnswer As Integer    '計算結果用の整数型変数


        ' 値の取り込み
        valueLeft = Integer.Parse(Input1TextBox.Text)    '入力値1を整数型に変換後代入
        valueRight = Integer.Parse(Input2TextBox.Text)   '入力値2を整数型に変換後代入


        ' 取り込んだ値の計算
        valueAnswer = valueLeft + valueRight
```

*イベント　プログラムの処理を行うきっかけにあたるもの。詳しくは、6.2節「プロパティ、メソッド、イベント、イベントハンドラー」で後述。

```
        ' 計算結果を出力
        AnswerTextBox.Text = valueAnswer.ToString() '文字列に変換後代入
    End Sub
End Class
```

●インテリセンスを利用する

コードを入力していると、途中で何やらリストが出てきます。これはVS Community 2022のコード入力をサポートする機能で、**インテリセンス**と言います。

このインテリセンスの中にあるリストを選んで［Tab］キーを押すと、入力が自動的に補完されます。タイプミスがなくなるので、積極的に利用しましょう。

また、インテリセンスで選択している項目には、簡単な説明も表示されます。

なお、インテリセンスに一覧表示されていない項目は実行できません。VS Community 2022が「こんなことができますよ！」と一覧表示で見せてくれているイメージですね。

さらに、リスト中の一部の項目については、「★」が頭に付加されています。これは**IntelliCode**（インテリコード）と呼ばれる機能で、前後のコードからよく使われるであろう選択肢をリストの先頭に表示してくれています。

Tips インテリセンスを呼び出す

インテリセンスは「.」（ドット）などを入力すると表示されます。強制的に表示させるには、[Ctrl] ＋ [Space] キー、または [Ctrl] ＋ [J] キー、または [Alt] ＋ [→] キーで表示できます。

ところで、Visual Basic では、**大文字**と**小文字**が異なると、違う単語であると解釈されてしまうため、綴り（つづり）はあっていても先頭が小文字になっている等々の「うっかりミス」が多くなりますが、インテリセンスを使うとこのミスもなくなります。

コードが入力できたら、VS Community 2022 の [▶ SimpleCalc] ボタンをクリックして、動かしてみましょう。作成した Windows フォームが起動されましたか？　起動されたら、「入力値1」「入力値2」に値を入力して、[計算する] ボタンをクリックしてみてください。いかがですか？　計算結果は表示されましたか？

[計算する] ボタンをクリックすると、「入力値1」「入力値2」の合計値が「合計値」のテキストボックスに表示されます

●うまくフォームが表示されなかった方へ

[▶ SimpleCalc] ボタンをクリックしても Windows フォームが表示されなかった場合、**ビルドエラー**が発生していませんか？ [▶ SimpleCalc] ボタンをクリックして、下のエラーメッセージが表示されてしまった方は、入力ミスなどの記述の間違いがあります。

入力ミスなどがある場合、ビルドエラーが発生します

［いいえ］ボタンをクリックして、プログラムを修正しましょう。

画面下の**エラー一覧**に、間違っている場所がリストで表示されるので、ダブルクリックして、エラーがあった処理を修正してください。

> リストをダブルクリックすると、エラーの原因になっているコードが表示されます

●コードを再確認してみよう

VS Community 2022が自動的に書いてくれたコードについて、もう一度見てみましょう。まずはクラスの構造です。先ほど説明したように、Windowsフォームは、フォームを**クラス**として定義されています。

List 1 サンプルコード（クラスの記述例）

```
❶Public ❷Class ❸Form1
```

```
❹End Class
```

表3-4：List1のコード解説

No.	コード	内容
❶	Public	「公開します」という宣言です。ほかのクラスから呼び出すことができます
❷	Class	クラスを表します
❸	Form1	クラスの名前です。Form1という名前になっています
❹	End Class	クラスの終わりを示します。クラスに含まれる処理やデータは、この行より上に書きます

List2は、クラスの中にある**イベントプロシージャ**[*]を表示したものです。このサンプルコードのイベントプロシージャには、[計算する]ボタンをクリックしたときに動作するプログラムコードが入ります。

List 2 サンプルコード（イベントプロシージャの記述例）

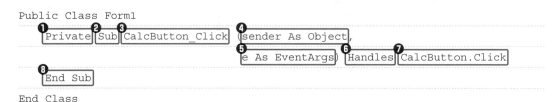

```
Public Class Form1
    Private Sub CalcButton_Click (sender As Object,
                    e As EventArgs) Handles CalcButton.Click

    End Sub
End Class
```

表3-5：List2のコード解説

No.	コード	内容
❶	Private	「非公開」という宣言です。ほかのクラスからは見えなくなり、呼び出せなくなります。自分のクラスの内部でのみ呼び出すことが可能です
❷	Sub	メソッドを意味する宣言です。Visual Basicの用語では、**サブプロシージャ**と言います。処理のまとまりです
❸	CalcButton_Click	イベントハンドラを呼び出すメソッドの名前です
❹	sender As Object	メソッドを呼び出す際に引き渡す情報（パラメータ）です。**引数**（ひきすう）と言います。1つ目の引数なので、第1引数という言い方をすることもあります。どのオブジェクトから呼ばれたかという情報が渡されてきます
❺	e As EventArgs	メソッドを呼び出す際に引き渡す情報です。第2引数です。どんな手段で呼ばれたかという情報が入っています。マウスでクリックした場合と、[Enter]キーを押した場合では値が異なります
❻	Handles	「CalcButtonのClickイベントにハンドルする（結び付ける）」という意味です
❼	CalcButton.Click	Handlesで結びつける対象のイベントの種類です。CalcButtonコントロールのClickイベントと結びつけることを記載しています
❽	End Sub	Sub（サブプロシージャ）の終わりを示しています。メソッドに含まれる処理やデータはこの行より上に書きます

このあたりで、作成した画面やプログラムコードを保存しましょう。保存の方法は、2.6節で学びましたね。まず、[ファイル]メニューから[すべて保存]を選択します。

---

[*]**イベントプロシージャ**　イベント（操作）が発生したときに、ここに書いてあるプログラムが作動する仕組み。

［ファイル］メニュー➡［すべて保存］
を選択します

　保存されると、VS Community 2022の左下の状態通知エリアに「アイテムが保存されました」と表示さ
れます。

画面の左下に「アイテムが保存
されました」と表示されます

まとめ

◉ 「入力された値を計算して表示する」という処理は、ボタンがクリックされたときに呼
　ばれるメソッドに記述する。

:: 用語のまとめ

用語	意味
インテリセンス	VS Community 2022のコード入力のサポート機能
ネームスペース	クラスを階層的に分類して、たどりやすくしたもの
引数	メソッドを呼び出す際に渡す情報（パラメータ）のこと。「ひきすう」と読む
第1引数	1つ目の引数。n個目の引数は、第n引数になる

Column デザイン画面とコード画面の切り替え

デザイン画面とコード画面の切り替えは、117ページの方法以外にも以下の方法があります。

●メニューから選択して切り替える

［表示］メニューから［コード］もしくは［デザイナー］を選択します

●ショートカットキーで切り替える

デザイン画面➡コード画面に切り替える…… ［F7］キーを押します

コード画面➡デザイン画面に切り替える…… ［Shift］＋［F7］キーを押します

●タブで切り替える

作業領域の上にあるタブでデザイン画面とコード画面を切り替えます

●右クリックのメニューで切り替える

ソリューションエクスプローラーでForm1.vbを右クリックし、出てくるメニューで切り替えることもできます

条件分岐の使い方

「簡単計算プログラム」に機能を追加するために、処理の分岐について説明します。

●条件に応じて、処理を分岐させる

実は、3.5節で作成したアプリケーションには、いくつかの欠点があります。

> Ⓐ実行後、「入力値1」と「入力値2」に数字以外の値（例えば、ABCなど）を入力した場合、うまく動作しない。

> Ⓑ実行後、「入力値1」と「入力値2」に何も入力せずに、[計算する] ボタンをクリックした場合、うまく動作しない。

ⒶⒷへの対応策として、入力された値が数字に変換できるかを判断して、数字に変換できる場合と、できない場合で別々の処理を行う必要があります。

イメージで表すと、次のようになります。

[処理1] 入力値を数字に変換できる➡そのまま変換する

[処理2] 入力値を数字に変換できない➡数字の0として処理を続ける

図にすると、次のようになります。

図4-3：処理の分岐

　Visual Basicでは、「もし○○だったら×××する」という命令文があります。それが**条件分岐**の**If～Then～Else文**です。If～Then～Else文は、条件式を満たしていたら処理1を、式を満たしていなければ処理2を実行します。

　If～Then～Else文は、以下の書式でコードを書きます。

文法　**If～Then～Else文の使い方**

```
If 条件式 Then
    条件式を満たした場合の処理1
Else
    条件式を満たさない場合の処理2
End If
```

　「簡単計算プログラム」の場合、この「条件」に該当する部分は「入力値1の値が数字に変換できるか？」になりますね。

　また、Visual Basicでは、「～というデータ型に変換できるか？」というコードが用意されています。それが**TryParse()メソッド**です。

文法　**TryParse()メソッドの使い方**

```
データ型名.TryParse(第1引数, 第2引数)
```

TryParse()メソッドは、「第1引数」の値を、「データ型名」で指定したデータ型に変換可能かどうかを判定し、「はい」もしくは「いいえ」に相当する値を返します（あまり難しく考えずに、次のイラストのようなことを行ってくれる人がいて、その人の名前がTryParse()なのだな、くらいのイメージで考えるとよいでしょう）。

図4-4：TryParse()君のイメージ

実際のコードで書くと、以下のようになります。

```
Integer.TryParse(Input1TextBox.Text, valueLeft)
```

第1引数となる「Input1TextBox.Text」の値を、「データ型名」で指定したInteger型に変換可能かどうかを判定します。

なお、「はい」「いいえ」の2種類の値を表現するデータ型は、**Boolean型**（ブーリアン型）*と言います。Visual Basicでは、「はい」を**True**で表します。「いいえ」は**False**で表します。
このコードの結果が「はい」、つまり「True」のときに処理1を行うので、条件式の部分のコードは以下のように書きます。

```
Integer.TryParse(Input1TextBox.Text,valueLeft) = True
```

条件式の部分とIf〜Else文を組み合わせると、以下のようになります。

＊**Boolean型**（ブーリアン型）日本語では「論理型」と言うことがあり、「はい」のことを真、「いいえ」のことを偽という場合もある。

```
If Integer.TryParse(Input1TextBox.Text, valueLeft) = True Then
    ' 条件式を満たした場合の処理1
Else
    ' 条件式を満たさない場合の処理2
End If
```

「処理1」は、数字に変換できるので、今までの式をそのまま書けばよさそうです。また、「処理2」は、数字に変換できないので、「0を代入する」ですね。

以上のことから、この部分の実際のコードは、以下のようになります。

```
If Integer.TryParse(Input1TextBox.Text, valueLeft) = True Then
    valueLeft = Integer.Parse(Input1TextBox.Text) ' 入力値1を整数型に変換後代入
Else
    valueLeft = 0    '0を代入
End If
```

この処理は「入力値1」に関してのチェックです。「入力値2」に関してもまったく同じチェックが必要になるので、最終的に以下のList1のコードになります。

List 1 サンプルコード（入力値1と入力値2のチェックの記述例）

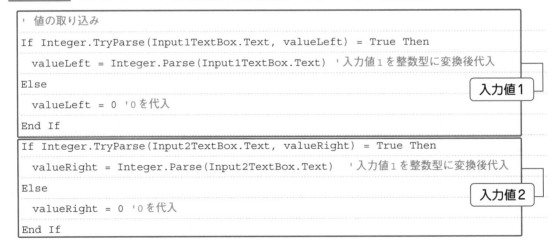

```
' 値の取り込み
If Integer.TryParse(Input1TextBox.Text, valueLeft) = True Then
  valueLeft = Integer.Parse(Input1TextBox.Text) '入力値1を整数型に変換後代入
Else
  valueLeft = 0 '0を代入
End If                                                                  入力値1
If Integer.TryParse(Input2TextBox.Text, valueRight) = True Then
  valueRight = Integer.Parse(Input2TextBox.Text)   '入力値1を整数型に変換後代入
Else
  valueRight = 0 '0を代入
End If                                                                  入力値2
```

入力値1と入力値2が数字に変換できない場合は0を代入し、その合計を計算結果に表示します。

Tips If文の条件

If文の条件式中の「=」は、代入の意味ではなく、「=」の左の値と右の値が「等しい」という意味です。「等しくない」場合は、「<>」と書きます。

まとめ

⦿ 独自の処理を行いたい場合は、プログラムコードを追加することで処理を追加することができる。

∷用語のまとめ

用語	意味
Boolean型	「はい」「いいえ」の2種類の値を表現するデータ型。論理型という。実際には、真を示す「True」と、「偽」を示す「False」の2種類の値だけを持つデータ型

Column コンボボックスを使ってメソッドを探す

機能を増やしていくと、プログラムコードの量も比例して増えていきます。わずか数行のコードであれば何の問題もありませんが、例えば、膨大な量のコードの中から特定のメソッドがどこにあるかを探そうとすると、非常に大変です。

そんなときは、エディター上部にある**コンボボックス**を使います。コードを探すときに、コンボボックスの領域をクリックすると表示されるメソッド名を選択することによって、カーソルが選択したメソッドにジャンプします。

サブルーチンの使い方

処理の分岐に続いて、まとまった処理をサブルーチンにして使う方法を説明します。

●サブルーチンを使う

先ほど書いたコードには、似通った部分があるので、その部分をまとめて別の処理にしましょう。
このように、「まとまった処理の塊（かたまり）」を**サブルーチン**と言います。

まず、サブルーチンの使い方は、以下の通りです。

文法 | **サブルーチンの使い方**

```
❶アクセス修飾子 ❷Sub ❸サブルーチン名 ❹(第１引数, …)
    ' 処理
❺End Sub
```

表3-6：文法の解説

No.	コード	内容
❶	アクセス修飾子	・サブルーチンを外部に公開する場合……Public ・サブルーチンを外部に公開しない場合……Private
❷	Sub	サブルーチンの開始を示します。Visual Basicの用語では、サブプロシージャとも言います。処理のまとまりです
❸	サブルーチン名	サブルーチンの名前です。呼び出すときにどんな処理をしているか分かるような名前で書くとよいでしょう
❹	(第１引数, …)	サブルーチンに渡す引数を書きます。 ・引数がない場合………( ) ・引数が１個の場合……(第１引数) ・引数が２個の場合……(第１引数, 第２引数)
❺	End Sub	サブルーチンの終わりを示します。Subで始まるのでEnd Subで終わります

　それでは、似た部分をサブルーチンにしてみましょう。サブルーチンの名前は、入力チェックということ
で、「InputCheck」にしました。また、クラスの外から見る必要がないので、**アクセス修飾子**は「Private」に
しました。

このサブルーチンを呼び出す側のコードは、次のようになります。

表3-7：コード解説

No.	コード	内容
❶	InputCheck(■ , ●)	「入力値1」の処理で、■と●をサブルーチンに渡します。InputCheckは、■と●を受け取り、処理します
❷	InputCheck(□ , ◎)	「入力値2」の処理で、□と◎をサブルーチンに渡します。InputCheckは、□と◎を受け取り、処理します

おや？　どこかおかしくないですか？　●や◎を受け取って値を設定していますが、サブルーチンの処理結果を受け取ることができません。どうすればよいのでしょうか？

処理した結果を受け渡すためには、サブルーチンの代わりに**ファンクション**（関数）を使います。結果を受け取るファンクションの使い方は、以下の通りです。

文法　ファンクションの使い方

表3-8：文法（ファンクションの使い方）の解説

No.	コード	内容
❶	アクセス修飾子	・サブルーチンを外部に公開する場合……Public ・サブルーチンを外部に公開しない場合……Private
❷	Function	ファンクションの始まりを示します。値を返すサブルーチンです
❸	ファンクション名	ファンクションの名前です。呼び出すときにどんな処理をしているか分かるような名前で書くとよいでしょう
❹	(第1引数, …)	ファンクションに渡す引数を書きます。・引数がない場合………( )・引数が1個の場合……(第1引数)・引数が2個の場合……(第1引数, 第2引数)
❺	As データ型名	ファンクションが返す値のデータ型を指定します
❻	Return 値	処理した結果を「値」に書きます。ファンクションが呼び出し元に返す値をセットして、ファンクションを終了します
❼	End Function	ファンクションの終わりを示します。Functionで始まるのでEnd Functionで終わります

初級編
Chapter
3

それでは、似た部分をまとめてファンクションにしてみましょう。

```
' 入力値1と入力値2の処理
If Integer.TryParse ( ■ ,● ) = True Then
  ● = Integer.Parse(■ )
Else
  ● = 0
End If
```
入力値1の処理

```
If Integer.TryParse ( □ ,◎ ) = True Then
  ◎ = Integer.Parse(□ )
Else
  ◎ = 0
End If
```
入力値2の処理

入力値1の処理と入力値2の処理の似た部分をInputCheckFuncファンクションにまとめる

```
' ファンクション
Private Function InputCheckFunc ( ■ , ● ) As Integer
  If Integer.TryParse ( ■ , ● ) = True Then
```

```
    ● = Integer.Parse ( ■ )
Else
    ● = 0
End If
Return ●
End Function
```
ファンクションの処理

ファンクションの名前は、入力チェックということで「InputCheckFunc」にしました。**Return キーワー
ド**の行で呼び出した側に値を返します。

このファンクションを呼び出す側のコードは、次のようになります。

```
' ファンクションを呼び出す側
● = InputCheckFunc ( ■ , ● )
◎ = InputCheckFunc ( □ , ◎ )
```

```
' ファンクション
Private Function InputCheckFunc ( ■ , ● ) As Integer
    If Integer.TryParse ( ■ , ● ) = True Then
        ● = Integer.Parse ( ■ )
    Else
        ● = 0
    End If
    Return ●
End Function
```
ファンクションの処理

ファンクションの値を「＝」で受け取ることができます。

ここまでのコードを以下のList1に示します。 ███ の部分は、すでに記述してある部分です。

List 1 サンプルコード（[計算する] ボタンをクリックしたときの記述例：Form1.vb）

```
Public Class Form1

    ' ボタンをクリックしたとき呼ばれるメソッド

    Private Sub CalcButton_Click(sender As Object,
                                 e As EventArgs) Handles CalcButton.Click

        ' 変数の宣言

        Dim valueLeft As Integer      ' 入力値1用の整数型変数
```

```vb
        Dim valueRight As Integer      ' 入力値2用の整数型変数
        Dim valueAnswer As Integer    ' 計算結果用の整数型変数
        '値の取り込み
        valueLeft = InputCheckFunc(Input1TextBox.Text, valueLeft)
        valueRight = InputCheckFunc(Input2TextBox.Text, valueRight)

        ' 取り込んだ値の計算
        valueAnswer = valueLeft + valueRight

        ' 計算結果を出力
        AnswerTextBox.Text = valueAnswer.ToString() ' 文字列に変換後代入
    End Sub


    '入力値をチェックするファンクション
    Private Function InputCheckFunc(textValue As String,
                                    checkValue As Integer) As Integer
        If Integer.TryParse(textValue, checkValue) = True Then
            checkValue = Integer.Parse(textValue)
        Else
            checkValue = 0
        End If
        Return checkValue
    End Function
End Class
```

コードが入力できたら、VS Community 2022の [▶ SimpleCalc] ボタンをクリックして、動かしてみましょう。作成したWindowsフォームが起動されましたか？

起動されたら、「入力値1」「入力値2」に値を入力して、[計算する] ボタンをクリックしてみてください。いかがですか？　計算結果は表示されましたか？

数字が入力された場合の計算結果

数字に変換ができない場合、計算結果は0になりましたか？

数字以外が入力された場合の計算結果

[▶ SimpleCalc] ボタンをクリックして、エラーメッセージが表示されてしまった方は、入力ミスなどの間違いがあります。[いいえ] ボタンをクリックしてプログラムを修正しましょう*。

うまく実行できた方は、忘れずにプログラムを保存してください。

また、完成した「簡単計算プログラム」をほかの人に配りたい場合は、ファイルを保存したフォルダーにある「SimpleCalc.exe」ファイルをコピーして配ってください。

以上で、Chapter3は終了です。プログラム作成の基本を理解いただけたでしょうか。

次のChapter4からは、もう少し本格的なアプリケーションを作成します。

 ## まとめ

- ● まとまった処理は、サブルーチンにすることもできる。
- ● プログラムが完成したら、とりあえず実行して動作を確認する。

∷用語のまとめ

用語	意味
サブルーチン	まとまった処理の塊（かたまり）のこと
ファンクション	サブルーチンの仲間で値を返すもの
デバッグ	間違ったプログラムを修正すること
アクセス修飾子	自分以外のクラスに見えるようにするか、しないかを指定するキーワード

*プログラムを修正しましょう　間違ったプログラムを修正することをデバッグという。

Column WPFアプリケーションとは

　[新しいプロジェクトの作成] 画面をよく見ると、テンプレートにWPFアプリケーションやWPF
ブラウザーアプリケーションがあります。

　WPFは、Windows Presentation Foundationの略で、ユーザーインターフェイスに関する基盤
技術のことです。WPFアプリケーションでは、XAML (ザムル) と呼ばれる言語仕様を使って、今ま
でデザイン的に難しかったことや、できなかったことが簡単にできるようになりました。

　例えば、背景をグラデーションにしたり、TextBoxコントロールを斜めに傾けたりといったことが
できるようになります。

　また、WPFブラウザーアプリケーションでは、ブラウザーを対象にしたグラフィックスに優れた
アプリケーションを作成できます (.NET Framework のみ対応)。

復習ドリル

「簡単計算プログラム」の作成を通して、Visual Basicのプログラムの書き方に慣れたでしょうか？　そのあたりの理解を深めるために、ドリルを用意しました。

●ドリルにチャレンジ！

以下の**1**〜**27**までの空白部分を埋めてください。

1 プログラムを行う前に完成イメージをつかむことが大事で、そのため、まず紙などに ☐☐☐☐☐☐☐☐ とよい。

2 TextBoxなどのコントロールに名前を付けて区別したい場合、☐☐☐☐☐☐☐☐ プロパティに値を設定する。

3 値を入力させたい場合に適切なコントロールは、☐☐☐☐☐☐☐ コントロールである。

4 「＋」「＝」の記号など、固定的な値を表示させたい場合に適切なコントロールは、☐☐☐☐☐☐☐ コントロールである。

5 Form1 のサイズを、横幅が600、高さが150にしたい場合、Form1 の☐☐☐☐☐☐☐ プロパティに「600,150」と入力する。

6 アプリケーションに計算を実行させるきっかけを作るには、☐☐☐☐☐☐☐ コントロールが最適。

7 画面の作成は、ツールボックスから適切な部品を画面に☐☐☐☐☐☐☐ するだけで作成できる。

8 ☐☐☐☐☐☐☐ ウィンドウを使うと、該当するコントロールのプロパティの値を簡単に変更できる。

9 以下は、計算結果を示す AnswerTextBox コントロールの Text プロパティに、プログラムから値を設定したい（表示させたい）場合のコード例です。

☐☐☐☐☐☐ = ☐☐☐☐☐☐

10 ☐☐☐☐☐☐☐ は、一時的に様々な値を記憶しておくための値の入れ物である。

11 「123」「ABC」「2023年1月1日」といった、値の種類のことを☐☐☐☐☐☐☐ という。

12 「123」のように整数を表すデータ型を、Visual Basic では☐☐☐☐☐☐☐ と書く。

13 「"ABC"」のように文字列を表すデータ型を、Visual Basicでは 　　　　　　 と書く。

14 「1月1日」のように日付・時間を表すデータ型を、Visual Basicでは 　　　　　　 と書く。

15 「3.1415926535」のように大きな範囲の小数を表すデータ型を、Visual Basicでは 　　　　　　 と書く。

16 「このコードは、こんなことを意味している」というメモ書きのことを、プログラミングの用語では、 　　　　　　 という。

17 以下は、Input1TextBoxコントロールのTextプロパティの値を整数に変換して、valueLeftに代入するコードです。

```
valueLeft = Integer. 　　　　　 (Input1TextBox.Text)
```

18 以下は、整数型の変数valueAnswerの値を文字列に変換して、AnswerTextBoxコントロールのTextプロパティに代入するコードです。

```
AnswerTextBox.Text = valueAnswer. 　　　　　 ( )
```

19 コード入力をサポートする機能を 　　　　　　 という。

20 メソッドを呼び出す際に渡す情報を 　　　　　　 という。

21 TrueとFalseのように2種類の値を表現するデータ型を、Visual Basicでは 　　　　　　 と書く。

22 以下は、入力した値（Input1TextBoxコントロールのTextプロパティ）が数値に変換可能であれば処理1を、そうでなければ処理2を実行するコードです。

```
　　　　　　 Integer.TryParse(Input1TextBox.Text, valueRight) = True 　　　　　
' 処理1
　　　　　
' 処理2
　　　　　
```

23 外部に公開する場合のアクセス修飾子は、 　　　　　　 である。

24 外部に公開しない場合のアクセス修飾子は、 　　　　　　 である。

25 まとまった処理の塊（かたまり）を 　　　　　　 と呼ぶ。

26 サブルーチンの仲間で、値を返すものを 　　　　　　 と呼ぶ。

27 間違ったプログラムを修正することを 　　　　　　 という。

サブルーチンって何だっけ？

Chapter 4

簡単なアプリケーションを作成する

「タイマー」「付箋メモ」「今日の占い」などの4種類の簡単なアプリケーションを作りながら、Visual Basic のコードに慣れましょう。

 このChapterの目標

☑ Visual Studio Community 2022の使い方に慣れる。

☑ Visual Basic のコードに慣れる。

☑ Select文を使った条件分岐を覚える。

☑ アプリケーションを作るお作法を覚える。

☑ いろいろなコントロールを使ってみる。

☑ 処理の流れの考え方を理解する。

「タイマー」の作成

設定した終了時間になったら知らせてくれる「タイマー」アプリケーションの作成を通して、アプリケーションを作る練習をしましょう。

●アプリケーション作成の流れのおさらい

　Chapter3では、「簡単計算プログラム」を作成しました。その知識を活かして、様々なアプリケーションにチャレンジしましょう。

　最初は、Visual Studio Community 2022（本章では以降、VS Community 2022と表記します）を使って設定した時間になったら画面上にメッセージを表示する「**タイマー**」アプリケーションを作ります。

　まず、アプリケーション作成の流れを、もう一度おさらいしてみましょう。

【手順❶】完成イメージを絵に描いて、画面に対する機能を描いてみる。
【手順❷】VS Community 2022で、手順❶の絵のように画面を作成する。
【手順❸】画面に貼り付けたコントロールのプロパティ＊や値を設定する。
【手順❹】コードを書く。
【手順❺】動かしてみる。
【手順❻】修正する。

　いかがですか？　「タイマー」アプリケーションのイメージはつかめましたか？
　では、手順に沿って、作成していきましょう。

●手順① 「タイマー」の完成イメージを絵に描く

「タイマー」アプリケーションの特徴を、以下にいくつか挙げてみましょう。

・終了時間が設定できる。
・終了時間になったら、知らせてくれる。
・スタートボタンがある。
・残り時間がわかる。

＊**プロパティ**　画面に貼り付けた部品の「データ（値）」の部分のこと。詳しくは、6.2節「プロパティ、メソッド、イベント、イベントハンドラー」で後述。

これらの特徴を踏まえて、完成イメージを紙に描いてみます。画面は自由にイメージしていただいてもかまいません。

図4-1：「タイマー」の完成イメージを絵に描く

●手順② 「タイマー」の画面を作成する

それでは、VS Community 2022を起動し、［新しいプロジェクトの作成］をクリックしてください。

［新しいプロジェクトの作成］画面が表示されますので、上部検索ボックスに「winforms」と入力します。その下の一覧に［Windowsフォームアプリ］が表示されます。Visual Basic用のアプリを選択し、［次へ］ボタンをクリックします（［Windowsフォームアプリケーション（.NET Framework）］ではありません）。

［新しいプロジェクトを構成します］画面が表示されますので、プロジェクト名に、「Timer」と入力してください。また、保存する場所はどこでもかまいませんが、支障がなければ「C:¥VB2022_Application¥Chapter4-1」としてください（「VB」は、Visual Basicの略です）。

［追加情報］画面では、デフォルトのまま、「.NET 7.0（標準用語のサポート）」を選びます。

❶ 「.NET 7.0（標準用語の
サポート）」を選びます

❷ ［作成］ボタンを
クリックします

Windowsフォームアプリケーションのひな形ができました（表示されるまでに、少し時間がかかります）。

ひな形（フォーム）がデザイン
画面に表示されます

それでは、手順❶で描いた絵を見ながら、コントロールを配置していきます。

まずは、Windowsフォームのデザイン画面にツールボックスから、適切なコントロールを選んで割り当てていきましょう。

「時間設定」「残り時間」「秒」などの変化しない文字は、Labelコントロールがよさそうです。また、「スタート！」というボタンは、Buttonコントロールがよさそうです。時間設定で、数字を入力する箇所と、残り時間を表示する箇所は、TextBoxコントロールがよさそうですね。

では、さっそくツールボックスから、必要な部品をドラッグ＆ドロップしてください。今回は画面のレイアウトに集中して、後からまとめて各コントロールの**プロパティ**を設定しましょう。スナップラインをうまく利用して、綺麗に配置してみてください。ボタンやフォームは、大きさを変えてもいいですね。

図4-2：ツールボックスからコントロールを選んで割り当てる

さて、時間をカウントする仕組みは、どのようにしたらよいでしょうか？「便利なコントロールはないかな……」と、ツールボックスを眺めてみてください。使えそうなコントロールは見つかりませんか？

実は、便利なコントロールがあります。ツールボックスの［コンポーネント］の部分を展開してください。下の方に、**Timerコントロール**があります。

❶ [コンポーネント] を展開します

❷ [Timer] コントロールを選択します

Timerコントロールには、表4-1に示した機能があります。

表4-1：Timerコントロールの機能

アイコンの形	名前	機能
⏱ Timer	Timerコントロール	指定した間隔でイベント※を発生させてくれる

　このTimerコントロールに「1秒」という間隔を設定すると、1秒おきにイベントを発生させることができます。また、設定した時間をカウントダウンさせることもできます。

　では、Timerコントロールを、Windowsフォームに貼り付けてみましょう。

ツールボックスの [Timer] コントロールをWindowsフォームにドラッグ＆ドロップします

🔍ヒント 後でわかりますが、配置する位置は、フォームの上であればどこでもかまいません。

※**イベント**　プログラムの処理を行うきっかけにあたるもの。詳しくは、6.2節「プロパティ、メソッド、イベント、イベントハンドラー」で後述。

Windowsフォームに配置したTimerコントロールが、画面下の**コンポーネントトレイ**と呼ばれる領域に配置されました。

実は、Timerコントロール自体には画面がありません。このように画面のないコントロールは、画面の上に配置できないため、VS Community 2022では、画面下のコンポーネントトレイにコントロールが配置されます。

コンポーネントトレイに
配置されます

ここまでで、手順❷の画面の作成は終わりです。

なお、間違って貼り付けたコントロールは、そのコントロールを選択して、[Delete] キーを押せば、削除することができます。

●手順③ 画面のプロパティや値を設定する

それでは、画面のデザイン時に貼り付けたそれぞれのコントロールのプロパティを設定しましょう。プロパティウィンドウで、各コントロールの名前を示す(Name)プロパティと、表示する値を示すTextプロパティあたりから設定してみてください。

なお、今回はちょっと手を抜いて、他から影響を受けないコントロールの名前はデフォルトの状態にしてあります (Label1〜Label4)。

また、異なるコントロールであっても、同じプロパティは同じ場所に表示された状態になるので、Textプロパティなど、同じプロパティから設定していくと楽に設定できます。

表4-2：コントロールとプロパティの設定

No.	コントロール名	プロパティ名	設定値
❶	Form コントロール	(Name) プロパティ	FormTimer
		Text プロパティ	タイマー
❷	Label コントロール	Text プロパティ	時間設定
❸	TextBox コントロール	(Name) プロパティ	TextSetTime
		Text プロパティ	10
		TextAlign プロパティ*	Right
❹	Label コントロール	Text プロパティ	秒
❺	Button コントロール	(Name) プロパティ	ButtonStart
		Text プロパティ	スタート！
❻	Label コントロール	Text プロパティ	残り時間
❼	TextBox コントロール	(Name) プロパティ	TextRemainingTime
		Text プロパティ	10
		TextAlign プロパティ	Right
❽	Label コントロール	Text プロパティ	秒
❾	Timer コントロール	(Name) プロパティ	TimerControl
		Interval プロパティ	1000

中級編
Chapter
4

　❾の Timer コントロールの**Interval プロパティ**は、イベントを発生させる頻度をミリ秒（1/1000秒）で設定するプロパティです。

　「タイマー」アプリケーションでは、1秒おきにイベントを発生させます。「1秒＝ 1000 ミリ秒」なので、Timer コントロールの Interval プロパティを「1000」に設定します。

＊**TextAlign プロパティ**　TextBox コントロールでテキストをどのように配置するかを取得または設定するプロパティ。「Right」を設定すると、オブジェクトまたはテキストがコントロールの右側に配置される。

Intervalプロパティを「1000」
に設定します

参考までに、ここまでの画面の状態はこのようになります。

●手順④ コードを書く

それでは、「タイマー」アプリケーションのコードを書いていきましょう。ただし、いきなりコードを書こ

うとしても、どこにどんなコードを書けばいいのかわからないかと思います。そんなときは、処理の流れを図にしてみるとよいでしょう。

　処理の流れを示す代表的な図として、**フローチャート**があります。その特徴として、

> ・1つの四角に1つの処理を書く。
> ・上から下へ処理をする順番に書く。
> ・処理が分かれる場合は、ひし形に処理を分ける条件を書いて、「Yes」と「No」のときの処理を
> 　それぞれ書く。

といったルールがある図です。

　ボタンをクリックしたときの処理と、タイマーの処理をフローチャートにすると、次のようになります。

図4-3：ボタンクリック時の処理、タイマーの処理のフローチャート

ボタンをクリックしたときの処理を記述するため、デザイン画面で「ButtonStart」と名前を付けた❺の Button コントロールをダブルクリックして、コード画面（プログラムコード）に切り替えてください。

ただ、コードに慣れていない場合は、どんな処理をどのような順番で行うのかを考えながら、その都度、「'」（シングルクォーテーション）を使って、**コメント**を書いていってもよいでしょう。

ボタンをクリックしたときは、3つの処理を順番に行いましたね。これらの処理をコメントとして、コードに書き記します。

---

①時間を設定するTextBoxコントロールの値を終了時間の変数に代入
②残り時間を計算するため、経過時間の変数を0で初期化
③タイマースタート

また、**変数**についても考えてみましょう。変数を使用する箇所や、変数のデータ型を考えます。

「タイマー」アプリケーションでは、処理の途中に出てくる変数として、「終了時間」「経過時間」「残り時間」の3つを使います。時間の間隔は数字で扱いたいため、それぞれInteger型（整数型）の変数がよいでしょう。変数の名前は、自分でわかるような名前にしてください。

「終了時間」と「経過時間」は、タイマーの処理でも使用するので、FormTimerクラス*の変数として定義します。「残り時間」は、タイマーの処理の中でしか使用しないので、この処理の中で定義します。

表4-3：「タイマー」アプリケーションで使う変数

変数	データ型	変数名
終了時間	Integer型（整数型）	EndTime
経過時間	Integer型（整数型）	NowTime
残り時間	Integer型（整数型）	RemainingTime

以下のコードは、ボタンをクリックしたときの処理のサンプルコードです。処理を書く前に、まず先にコメントを記述しています。　　　　　の部分は、自動で記述される部分です。

---

*　**クラス**　　プログラムにおいて、共通した目的を持ったデータと処理の集まりで、「ひな形」「抜き型」に相当するもの。詳しくは、6.3節「クラス、インスタンス」で後述。

List 1 サンプルコード（コメントを先に記述した、ボタンクリック時の処理：Form1.vb）

```
Public Class FormTimer
    ' 終了時間の変数を整数型で定義
    ' 経過時間の変数を整数型で定義


    ' ボタンクリック時の処理
    Private Sub ButtonStart_Click(sender As Object,
                            e As EventArgs) Handles ButtonStart.Click
        ' 時間を設定するTextBoxコントロールの値を終了時間の変数に代入
        ' 残り時間を計算するため、経過時間の変数を0で初期化
        ' タイマースタート
    End Sub
End Class
```

コメントを元にして、実際のコードを書いてみましょう。

List 2 サンプルコード（ボタンクリック時の処理：Form1.vb）

```
Public Class FormTimer
❶  Dim EndTime As Integer   ' 終了時間の変数を整数型で定義
❷  Dim NowTime As Integer   ' 経過時間の変数を整数型で定義


    ' ボタンクリック時の処理
    Private Sub ButtonStart_Click(sender As Object,
                            e As EventArgs) Handles ButtonStart.Click
        ' 時間を設定するTextBoxコントロールの値を終了時間の変数に代入
❸  If Integer.TryParse(TextSetTime.Text, EndTime) = True Then
        EndTime = Integer.Parse(TextSetTime.Text)
    Else
        EndTime = 1
    End If

        '残り時間を計算するため、経過時間の変数を0で初期化
❹  NowTime = 0

        ' タイマースタート
❺  TimerControl.Start()
```

中級編
Chapter
4

155

```
        End Sub
    End Class
```

表4-4：List2のコード解説

No.	コード	内容
❶	Dim EndTime As Integer	「終了時間」を扱う変数EndTimeをInteger型で定義します
❷	Dim NowTime As Integer	「経過時間」を扱う変数NowTimeをInteger型で定義します
❸	If Integer.TryParse (TextSetTime.Text,EndTime) = True Then ～ End If	TryParse()メソッドを使って、TextSetTimeコントロールの値(Textプロパティ)を数値に変換し、変数EndTimeに代入します。数値に変換できない場合は、EndTimeに1を代入します(1にすることで、後の処理ですぐ終わるようにします)
❹	NowTime = 0	変数NowTimeに0を代入します
❺	TimerControl.Start()	TimerControlのStart()メソッドを呼び出します

　Chapter4で学習したことを応用して、コードを書いてみました。「タイマースタート」の処理だけがはじめて書くコードですが、TimerコントロールのStart()メソッドを実行すると、時間の計測が開始されます。結構、感覚的にコードを書けると思いませんか？

　では、次に、タイマーの処理を書いていきましょう。

　コンポーネントトレイにあるTimerコントロール(TimerControl)をクリックしたら、プロパティウィンドウの[イベント]ボタンをクリックして、イベントを表示させます。Timerコントロールのイベントは、**Tickイベント***が1つあるだけです。

　プロパティウィンドウのTickの部分をダブルクリックして、**イベントハンドラー***を作成しましょう。同じFormTimerクラスに、TimerControl_Tick()というイベントハンドラーが作成されるので、ここにタイマーの処理を記述します。

---

* **Tickイベント**　　　　Intervalプロパティで指定されたミリ秒単位の時間が経過したときに発生するイベント。
* **イベントハンドラー**　プログラムにおいて、何かのきっかけ(イベント)が発生したときに、実際に呼ばれる処理のこと。詳しくは、6.2節「プロパティ、メソッド、イベント、イベントハンドラー」で後述。

❶ [Timer]コントロール をクリックします

❷ [Timer]コントロール のプロパティが表示さ れます

❸ [イベント] ボタンをク リックします

❹ [Tick] をダブルクリッ クしてイベントハンド ラーを作成します

中級編
Chapter
4

また、例によって、コメントだけを先に書いてみます。　　　　の部分は、自動で記述される部分です。い かがでしょうか？　コードは書けそうですか？

List 3　サンプルコード（コメントを先に記述した、タイマーの処理：Form1.vb）

```vb
Public Class FormTimer

    (ボタンクリック時の処理は省略します)


    Private Sub TimerControl_Tick(sender As Object,
                              e As EventArgs) Handles TimerControl.Tick
        ' 残り時間の変数を整数型で定義


        ' 経過時間に1秒を加える
        ' 残り時間を計算して表示


        ' <判定>設定時間になった？
        ' 「Yes」の場合の処理
        ' タイマーを止める
        ' 終了時間になったことを知らせる
        ' 「No」の場合の処理
    End Sub
End Class
```

それでは、実際にコードを記述してみます。

List 4 サンプルコード（タイマーの処理：Form1.vb）

```
Public Class FormTimer

    （ボタンクリック時の処理は省略します）


    Private Sub TimerControl_Tick(sender As Object,
                                e As EventArgs) Handles TimerControl.Tick
❶      Dim RemainingTime As Integer    ' 残り時間の変数を整数型で定義
        ' 経過時間に1秒を加える
❷      NowTime = NowTime + 1
        ' 残り時間を計算して表示
❸      RemainingTime = EndTime - NowTime
        TextRemainingTime.Text = RemainingTime.ToString()
        ' <判定>設定時間になった？
        If EndTime = NowTime Then
            ' 「Yes」の場合の処理
            ' タイマーを止める
❹          TimerControl.Stop()
            ' 終了時間になったことを知らせる
❺          MessageBox.Show("時間になりました！")
        Else
            ' 「No」の場合の処理
        End If
    End Sub
End Class
```

表4-5：List4のコード解説

No.	コード	内容
❶	Dim RemainingTime As Integer	「残り時間」を扱う変数RemainingTimeをInteger型で定義します
❷	NowTime = NowTime + 1	NowTimeに1を加えた結果を、変数NowTimeに代入します
❸	RemainingTime = EndTime - NowTime TextRemainingTime.Text = RemainingTime.ToString()	「残り時間」を計算する処理です。「残り時間」は、「終了時間」から「経過時間」を引きます。さらに、現在の「残り時間」を表示させるため、計算した「残り時間」を文字列に変換て、TextRemainingTimeのText プロパティに代入します

❹	`If EndTime = NowTime Then`	「終了時間」と「経過時間」が同じかどうかを調べて、設定した時間になったことを判定します
❺	`TimerControl.Stop()`	Timerコントロール (TimerControl) のStop() メソッドを呼び出します
❻	`MessageBox.Show("時間になりました！")`	MessageBox.Show() メソッドを呼び出します。また、Show() メソッドの引数の値をメッセージボックスと呼ばれる別ウィンドウに表示させます

●手順⑤ 動かしてみる

さて、すぐにでも実行したいところですが、ここで注意事項があります。本書執筆時 (2023年3月) において、Formの名称を変更した場合に、アプリケーションを実行するとエラーになってしまうことがあります。これはVS Community 2022の内部的に、実行時にスタートするフォームの名称の初期設定値と、値が異なってしまうためです。そのため、下記の追加操作が必要になります※。

●追加の手順

■プロジェクトを右クリックする

ソリューションエクスプローラーからプロジェクトを右クリックし、表示されたメニューから、一番下にあるプロパティを選択します

※ **追加操作が必要になります** VS Community 2022のバージョン更新によって、この手順が不要になる可能性があることをご承知おきください。

② Timer プロジェクトのプロパティページが表示される

❶ Timer プロジェクトのプロパティページが表示されます。左のメニュー項目はそのまま［アプリケーション］→［全般］が選択されている状態で、下にスクロールして、［スタートアップ オブジェクト］を表示します

❷［スタートアップ オブジェクト］のドロップダウンリストから、Form1 から変更した Form 名の「FormTimer」を選択します

　ここで、エラーが起きないことを確認するために、一旦ビルドを行ってください。Visual Studio のメニュー項目から［ビルド］→［ソリューションのビルド］を選択します。

　エラー一覧画面に何も出ていなければ、これでエラーが起きないようにする設定が完了です。もしエラー一覧にエラーが表示され、そのエラーメッセージが「'Form1' は宣言されていません。アクセスできない保護レベルになっています。」の場合は、さらに修正作業が必要になります（VS Community 2022 の本書執筆時での不具合となります）。エラー一覧の「'Form1'は宣言されていません〜」のメッセージ部分をダブルクリックしてください。エラーが発生している部分が表示されます。

　VS Community 2022 が内部で自動生成している「Application.Designer.vb」のコード部分でエラーが発生しています。「Me.MainForm = Form1」を「Me.MainForm = FormTimer」に変更します（Form1 を変更した後の名前に変更します）。変更した直後に、エラー一覧のエラー表示が消えたら、対応完了です。

では、実際に動かしてみましょう。[▶ Timer] アイコンをクリックしてください。一番楽しくてドキドキする瞬間ですね。(^-^) 「タイマー」アプリケーションの画面が起動したら、時間設定の欄に適当な数字を入れ、[スタート！] ボタンをクリックしてください。

❶ 適当な数字を入力します

❷ [スタート！] ボタンをクリックします

残り時間がカウントダウンされたでしょうか？　また、残り時間が0秒になったら、別ウィンドウ（メッセージボックス）に「時間になりました！」と表示されたでしょうか？

別ウィンドウにメッセージが表示されます

きちんと動いたら、「タイマー」アプリケーションを保存しましょう。保存の方法を忘れた方は、2.6節の「プログラム（プロジェクト）の保存」を参照してください。

●手順⑥ 修正する

うまく動かなかった方は、画面下の**エラー一覧**に表示されるメッセージを読んで、「コードが間違っていないか」「処理が抜けていないか」「値が間違っていないか」を確かめてみてください。

エラーメッセージが表示されずに実行できるのに、カウントダウンが行われない場合、実はコードが間違っている可能性があります。また、値を設定するコントロールが違っている場合もあるので、それぞれ確認してみてください。

まとめ

● アプリケーションを作成する前に完成イメージを描いて、機能を検討するとよい。
● VS Community 2022 を使うと、簡単にアプリケーションの画面が作成できる。
● コードを書く前に、フローチャートで、処理の流れを図に描いてみるとよい。

「付箋メモ」の作成

「付箋メモ」アプリケーションを作成します。今回は、VS Community 2022のプロパティをいろいろ試してみて、「こんなこともできるんだ！」という発見をテーマにしたアプリケーションを作成します。

●手順① 「付箋メモ」の完成イメージを絵に描く

まずは、どんなアプリケーションにするのか、どんな機能があるのかを考えるため、「**付箋メモ**」アプリケーションの特徴を思いつく限り書いてみましょう。

・文字を入力できる。複数行の入力ができる。
・背景は黄色。背景色の変更も可能。
・Windowsフォームの［×］ボタンなどはいらない。
・そのかわり［Esc］キーでアプリケーションを終了する。
・マウス操作で、画面上の位置を移動できる。
・目立つように常に画面の一番前に表示される。
・カッコよくちょっと透けて見える。

付箋メモ
・○月×日　締め切り日

図4-4：「付箋メモ」の完成イメージを絵に描く

●手順② 「付箋メモ」の画面を作成する

参考までに、完成イメージは以下のようになります。

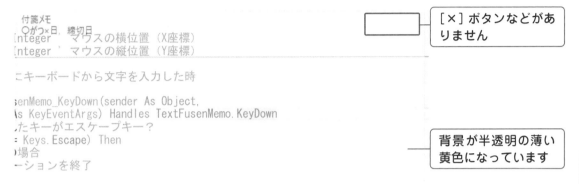

付箋メモ
〇がつ×日、締切日
nteger' マウスの横位置（X座標）
nteger' マウスの縦位置（Y座標）

こキーボードから文字を入力した時

senMemo_KeyDown(sender As Object,
\s KeyEventArgs) Handles TextFusenMemo.KeyDown
,たキーがエスケープキー？
: Keys.Escape) Then
)場合
ーションを終了

［×］ボタンなどがあ
りません

背景が半透明の薄い
黄色になっています

4.1節と同様にVS Community 2022を起動し、［新しいプロジェクトの作成］をクリックしてください。
　［新しいプロジェクトの作成］画面が表示されますので、上部検索ボックスに「winforms」と入力します。
その下の一覧に［Windowsフォームアプリ］が表示されるので、Visual Basic用のアプリを選択し、［次へ］
ボタンをクリックします（［Windowsフォームアプリケーション(.NET Framework)］ではありません）。

❶ 「winforms」と入力します

❷ ［Windowsフォームア
プリ］を選択します

❸ ［次へ］ボタンを
クリックします

［新しいプロジェクトを構成します］画面が表示されるので、プロジェクト名に、「Fusen」と入力してください。また、保存する場所はどこでもかまいませんが、支障がなければ「C:¥VB2022_Application¥Chapter4-2」として、［次へ］ボタンをクリックします。

［追加情報］画面が表示されます。そのままで、［作成］ボタンをクリックして、ひな形を作成しましょう。

作成されたひな形は、次のようになります。

「付箋メモ」アプリケーションは、文字が入力できればよいので、Windowsフォーム上に配置するコント
ロールは、TextBoxコントロールが1つだけです。

　TextBoxコントロールは、Windowsフォームの好きな箇所に配置してください。後でこのTextBoxコン
トロールを最大化するため、位置はどこでもかまいません。

[TextBox] コントロールを
Windowsフォームにドラッ
グ＆ドロップします

　また、背景色を変更するため、それに適したコントロールも使いましょう。背景色は、[色の設定] ダイア
ログボックスを起動させるための**ColorDialogコントロール**がすでに用意されています。

中級編
Chapter
4

ツールボックスの [ダイアログ]
を展開して、[ColorDialog] コ
ントロールをWindowsフォー
ムにドラッグ＆ドロップします

ヒント ツールボックスの [ColorDialog] コントロール
をダブルクリックしても同じことができます

ColorDialog コントロールが画面下のコンポーネントトレイに配置されたら、画面のデザインは完了です。

●手順③ 画面のプロパティや値を設定する

それでは、各プロパティの設定を行いましょう。まずは、Formコントロール、TextBox コントロール、
ColorDialog コントロールの名前を設定します。

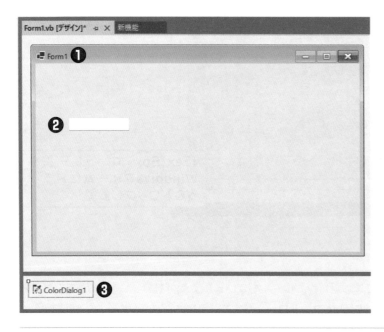

表4-6：各コントロールの(Name)プロパティの設定

No.	コントロール名	プロパティ	設定値
❶	Formコントロール	(Name)プロパティ	FormFusen
❷	TextBoxコントロール	(Name)プロパティ	TextFusenMemo
❸	ColorDialogコントロール	(Name)プロパティ	ColorDialogFusen

本節では、ここからが特に重要なポイントになります。

まず、画面いっぱいにTextBoxコントロール（TextFusenMemo）を広げたいのですが、Buttonコントロールと違い、そのままでは縦方向に大きくできないようになっています。

そこで、以下のようにDockプロパティの値の変更を行うと、TextBoxコントロールが縦方向にも広がります。Dockプロパティは、コントロールをどの位置にドッキング（固定）するかを設定するプロパティです。

■ Dockプロパティを設定する

❶ [TextBox] コントロールをクリックして選択します。プロパティウィンドウのDockプロパティを選択して、▽ボタンをクリックします

❷ 表示された画面の真ん中の四角をクリックしてください。プロパティには「Fill」と表示されます

ヒント 英語で、Fillは「いっぱいになる」という意味ですね。Fillに設定すると、TextBoxコントロールの四辺は、Formコントロールの四辺にドッキングされ、適切なサイズに調節されます。

この段階では、まだTextBoxコントロールに1行しか表示できません。続いて、複数行を表示できるようにします。

2 TextBoxコントロールのスマートタグをクリックする

[TextBox] コントロールのスマートタグ
（右上の三角）をクリックし、展開します

3 [複数行] プロパティにチェックを入れる

表示された [複数行] プロパティ
にチェックを入れます

4 TextBoxコントロールが複数行で表示される

ヒント プロパティウィンドウを
使って、MultiLineプロ
パティを「True」に設定
しても同じです。

これで [TextBox] コントロールが
複数行で表示させることができるよ
うになりました

このままアプリケーションを試してもよいのですが、まだ付箋っぽくないですね。TextBox コントロールの色、つまり背景色を **BackColor プロパティ** で設定します。BackColor プロパティは、コントロールの背景色を設定するプロパティです。

5 BackColor プロパティを設定する

❶ BackColor プロパティの ✓ ボタンをクリックします

❷ 表示されたカラーパレットの [カスタム] タブを選択し、薄い黄色を選択すると、[TextBox] コントロールの色が変わります

ヒント カラーパレットには、すでに用意されている色がいろいろありますが、今回は [カスタム] タブを選択し、薄い黄色を選びます。

さらに、本物の付箋っぽくするために、Form コントロール（FormFusen）の **FormBorderStyle プロパティ** を設定しましょう。FormBorderStyle プロパティは、フォームの境界線のスタイルを設定するプロパティで、「None」を設定すると、境界線がなくなります。

6 FormBorderStyle プロパティを設定する

❶ [Form コントロール（FormFusen）] の FormBorderStyle プロパティの ✓ ボタンをクリックします

❷ [None] に設定します

7 タイトルバーが消える

[Form] コントロール上部のタイトルバーや
[×] ボタンなどが消えて、Windowsフォー
ムの外観が変わりました

まさに付箋っぽくなりました！(^0^)

　ただし、注意点があります。実行してみるとわかるのですが、タイトルバーを消してしまうと、[×] ボタンがなくなってしまうので、そのままではアプリケーションを終了させることができなくなります（うっかり実行させてしまった方は、[デバッグ] メニューの [デバッグの停止] を選択すると、実行を停止させて、アプリケーションを終了させることができます）。

　そこで、処理を考える際には、キーボードの [Esc] キーが押されたときに、このアプリケーションが終了する処理をコードに記述する必要があります。

　さらに半透明にして、常に一番前に表示させるようにしてみましょう。

⑧ Opacity プロパティを設定する

[Form] コントロールの Opacity プロパティを「60」に設定します

ヒント 「60」と入力すると「%」は自動で補完してくれます。

ヒント デザイン画面から、Form コントロールが選びづらい場合は、プロパティの [▼] から一覧を選んで選択することができます。

中級編
Chapter
4

Form コントロールの **Opacity プロパティ** は、フォームの不透明度を設定するプロパティです。100% であれば不透明で、0% に近づくにつれて透明になっていきます。ただ、0% にするとまったく見えなくなるので、60～75% くらいがちょうどよい透明度になります。

デザイン画面の見た目は変化しませんが、実行してみると、フォームの色が薄くなっていることがわかると思います。

次に、アプリケーションを常に一番前（最上位）に表示させる **TopMost プロパティ** を「True」に設定します。

9 TopMostプロパティを設定する

[Form] コントロールのTopMost
プロパティを [True] に設定します

💡 ヒント　デフォルトの値以外に設定したプロパ
ティは、プロパティウィンドウで太字
になります。どのプロパティを変更し
たか、もともとはどんな値だったかが、
後でわかるようになっています。

ここまでに設定したコントロールとプロパティをまとめておきます。

表4-7：コントロールとプロパティの設定

コントロール名	プロパティ名	設定値
TextBox コントロール	(Name) プロパティ	TextFusenMemo
	Dock プロパティ	Fill
	MultiLine プロパティ	True
	BackColor プロパティ	薄い黄色
Form コントロール	(Name) プロパティ	FormFusen
	FormBorderStyle プロパティ	None
	Opacity プロパティ	60
	TopMost プロパティ	True
ColorDialog コントロール	(Name) プロパティ	ColorDialogFusen

●手順④ コードを書く

「付箋メモ」アプリケーションの画面ができたので、次はコードを書いていきます。

まず、「付箋メモ」アプリケーションで発生する4つの**イベント**＊を整理してみましょう。

表4-8：「付箋メモ」のイベントと処理

発生するタイミング	処理の概要	イベントの名前
キーボードからTextBoxコントロールに文字を入力したとき	キーが [Esc] ならば、アプリケーションを終了する	KeyDown
マウスでTextBoxコントロールをクリックしたとき	マウスの左ボタンが押されていたら、マウスの押された位置を記憶する	MouseDown
クリックしたTextBoxコントロールを移動させたとき	マウスの左ボタンを押したまま移動している場合、今現在の位置を設定する	MouseMove
マウスでTextBoxコントロールをダブルクリックしたとき	色の設定ダイアログを起動して設定した値でテキストボックスの背景色を変更する	MouseDoubleClick

図4-5：KeyDownイベントのフローチャート　　図4-6：MouseDownイベントのフローチャート

＊**イベント**　プログラムの処理を行うきっかけにあたるもの。詳しくは、6.2節「プロパティ、メソッド、イベント、イベントハンドラー」で後述。

図4-7：MouseMoveイベントのフローチャート　　　図4-8：MouseDoubleClickイベントのフローチャート

　それでは、それぞれのイベントに対応する**イベントハンドラー***を作成しましょう。まずは、KeyDownイベントからです。

　なお、自動生成されるイベントハンドラーの名前は、次のようになります。

コントロールに付けた名前_イベント名

　例えば、TextFusenMemoのKeyDownイベントが発生したときに、呼ばれるメソッドは「TextFusenMemo_KeyDown」という名前になり、このメソッドの中にフローチャートで書いた処理を記述します。

---

* **イベントハンドラー**　　プログラムにおいて、何かのきっかけ（イベント）が発生したときに、実際に呼ばれる処理のこと。
　　　　　　　　　　　　詳しくは、6.2節「プロパティ、メソッド、イベント、イベントハンドラー」で後述。

■イベントの一覧を表示する

① デザイン画面の［TextBox］コントロール（TextFusenMemo）を選択し、プロパティウィンドウの［イベント］ボタンをクリックします

② 表示されたイベントの一覧から、［KeyDown］を選択してダブルクリックします

■KeyDownのイベントハンドラーが作成される

TextFusenMemo_KeyDownイベントハンドラーが作成され、コードも自動的に記述されます

ヒント　自動的に記述されたコードは、次のようになります。

同様の手順で、TextFusenMemo_MouseDownイベントハンドラーを作成します。

3 イベントの一覧を表示する

❶ Form1.vb［デザイン］タブをクリックして、
コード画面からデザイン画面に切り替えます

❷ ［TextBox］コントロール
（TextFusen.Memo）を選
択し、プロパティウィンドウ
の［イベント］ボタンを
クリックします

❸ 表示されたイベントの一覧
から、［MouseDown］を
選択してダブルクリックし
ます

4 MouseDownのイベントハンドラーを作成する

TextFusenMemo_MouseDownイベントハン
ドラーが自動的に作成され、コードも自動的に記
述されます

ヒント 間違って作成したイベントハンドラーを消した
い場合、イベントハンドラーの元になる
KeyDownなどのイベント名を右クリックして、
［リセット］を選択すると、消すことができます。

ヒント 自動的に記述されたコードは、次のようになります。

最終的には、TextBoxコントロール (TextFusenMemo) に対して、❶MouseDoubleClick、❷KeyDown、❸MouseDown、❹MouseMoveの4つのイベントのイベントハンドラーを作成してください。

TextFusenMemoのイベントになるので、それぞれ表4-9のようなイベントハンドラーが作成されます。

表4-9：TextBoxコントロール (TextFusenMemo) のイベントとイベントハンドラー

No.	イベント名	イベントハンドラー名
❶	MouseDoubleClick	TextFusenMemo_MouseDoubleClick
❷	KeyDown	TextFusenMemo_KeyDown
❸	MouseDown	TextFusenMemo_MouseDown
❹	MouseMove	TextFusenMemo_MouseMove

前置きが長くなりましたが、173~174ページのフローチャートを参考にしながら、4つのイベントのイベントハンドラの処理を実装してみましょう。

TextFusenMemo_MouseDownイベントハンドラーでは、TextBoxコントロールがクリックされた際

に、あらかじめ**現在の位置**を変数として記憶します。

　また、TextFusenMemo_MouseMoveイベントハンドラーでは、マウスの左ボタンを押したまま移動している場合（ドラッグしている場合）、TextFusenMemo_MouseDownイベントハンドラーの変数を利用して、**移動後の位置**を計算します。

　そのため、マウスの**横位置（X座標）**と**縦位置（Y座標）**を記憶する変数が必要になります。変数は、整数しか使用しないので、Integer型（整数型）の変数を2つ用意します。

　以下に4つのイベントのコードと処理のコメントをまとめて示します。　　　　　　の部分は、自動で記述される部分です。

List 1 サンプルコード（コメントを先に記述した、4つのイベントハンドラー：Form1.vb）

```
Public Class FormFusen
    ' マウスの横位置（X座標）
    ' マウスの縦位置（Y座標）
    ' テキストボックスにキーボードから文字を入力した時
    Private Sub TextFusenMemo_KeyDown(sender As Object,
                            e As KeyEventArgs) Handles TextFusenMemo.KeyDown
        ' <判定> 押されたキーがエスケープキー？
        ' 「Yes」の場合
        ' アプリケーションを終了
    End Sub
    ' テキストボックスをマウスでクリックした時
    Private Sub TextFusenMemo_MouseDown(sender As Object,
                            e As MouseEventArgs) Handles TextFusenMemo.MouseDown
        ' <判定> 押されたボタンがマウスの左ボタン？
        ' 「Yes」の場合
        ' マウスの横位置（X座標）を記憶
        ' マウスの縦位置（Y座標）を記憶
    End Sub
    ' テキストボックスでクリックしたマウスを移動させた時
    Private Sub TextFusenMemo_MouseMove(sender As Object,
                            e As MouseEventArgs) Handles TextFusenMemo.MouseMove
        ' <判定> 押されたボタンがマウスの左ボタン？
        ' 「Yes」の場合
        ' フォームの横位置を更新
        ' フォームの縦位置を更新
```

```
      End Sub
      ' テキストボックスをマウスでダブルクリックした時
      Private Sub TextFusenMemo_MouseDoubleClick(sender As Object,
                    e As MouseEventArgs) Handles TextFusenMemo.MouseDoubleClick
            ' 色の設定ダイアログを表示する
            ' テキストボックスの背景色を色の設定ダイアログで選んだ色に設定する
      End Sub
End Class
```

コメントを元にして、実際のコードを書いていきますが、大体、何行くらいのコードになると思いますか？今回は、イベントの引数を利用することで、コードが簡単になることを感じ取っていただければと思います。

コメントについては、慣れてくれば1行1行に書く必要はなく、大雑把な処理をまとめて、何をしているのかが後でわかるくらいでよいでしょう。最低限、メソッドと変数の定義のところだけ書いておけば大丈夫です。

以下に、イベントハンドラーの完成したコードを記述します。各コードの解説は、その後で解説します。　　　　の部分は、自動で記述される部分です。

List 2 サンプルコード（4つのイベントハンドラー：Form1.vb）

```
Public Class FormFusen
❶   Private MouseX As Integer ' マウスの横位置（X座標）
❷   Private MouseY As Integer ' マウスの縦位置（Y座標）
      ' テキストボックスにキーボードから文字を入力した時


      Private Sub TextFusenMemo_KeyDown(sender As Object,
                    e As KeyEventArgs) Handles TextFusenMemo.KeyDown
            ' <判定> 押されたキーがエスケープキー？
❸         If (e.KeyCode = Keys.Escape) Then
                  ' 「Yes」の場合
                  ' アプリケーションを終了
❹               Me.Close()
            End If
      End Sub


      ' テキストボックスをマウスでクリックした時
      Private Sub TextFusenMemo_MouseDown(sender As Object,
                    e As MouseEventArgs) Handles TextFusenMemo.MouseDown
```

```
        '  <判定> 押されたボタンがマウスの左ボタン？
❺  If (e.Button = MouseButtons.Left) Then

            '  「Yes」の場合
❻      Me.MouseX = e.X   '  マウスの横位置 (X座標) を記憶
❼      Me.MouseY = e.Y   '  マウスの縦位置 (Y座標) を記憶

      End If

    End Sub


'  テキストボックスでクリックしたマウスを移動させた時

Private Sub TextFusenMemo_MouseMove(sender As Object,
                    e As MouseEventArgs) Handles TextFusenMemo.MouseMove

        '  <判定> 押されたボタンがマウスの左ボタン？
❽  If (e.Button = MouseButtons.Left) Then

            '  「Yes」の場合
❾      Me.Left = Me.Left + e.X - MouseX  '  フォームの横位置を更新

        Me.Top = Me.Top + e.Y - MouseY   '  フォームの縦位置を更新

      End If

    End Sub


'  テキストボックスをマウスでダブルクリックした時

Private Sub TextFuseSnMemo_MouseDoubleClick(sender As Object,
                  e As MouseEventArgs) Handles TextFusenMemo.MouseDoubleClick

        '  色の設定ダイアログを表示する
❿  ColorDialogFusen.ShowDialog()

        '  テキストボックスの背景色を色の設定ダイアログで選んだ色に設定する
⓫  TextFusenMemo.BackColor = ColorDialogFusen.Color

    End Sub

End Class
```

表4-10：List2のコード解説

No.	コード	内容
❶	`Private MouseX As Integer`	マウスの現在位置（X座標）を扱う変数mouseXを定義します
❷	`Private MouseY As Integer`	マウスの現在位置（Y座標）を扱う変数mouseYを定義します
❸	`If (e.KeyCode = Keys.` `Escape) Then`	**e.KeyCode**は、イベントの発生原因になるキーボードのキー情報を持っていて、押されたキーの値をe.KeyCodeで取得できます。**Keys.Escape**は、[Esc]キーを示すものです。つまり、このIf文は、入力されたキーが[Esc]キーかどうかを判定するIf文になります
❹	`Me.Close()`	アプリケーションを終了させるコードです。**Meキーワード**は自分自身を示すコードです。Me.Close()メソッドで、自分自身を終了するということは、アプリケーション終了と同じことになります
❺	`If (e.Button =` `MouseButtons.Left) Then`	e.Buttonは、イベントの発生原因となった情報の中で、ボタン情報を持っています。マウスのどのボタンが押されているかがe.Buttonで取得できます。**MouseButtons.Left**は、マウスの左ボタンを示すものです。このIf文は、マウスの押されたボタンがマウスの左ボタンかどうかを判定しています
❻	`Me.MouseX = e.X`	マウスの横位置（X座標）を記憶します
❼	`Me.MouseY = e.Y`	マウスの縦位置（Y座標）を記憶します
❽	（❺と同じ）	（❺と同じ）

❾	`Me.Left = Me.Left + e.X -`
	`MouseX`
	`Me.Top = Me.Top + e.Y -`
	`MouseY`
		Formコントロールの横位置（X座標）は、画面左端からの距離を示す値となるので、Me（自分自身）のLeft（画面左端からの距離）となります。同様に縦位置（Y座標）は、画面上端から距離を示す値となるので、Me（自分自身）のTop（画面上端からの距離）となります。つまり、コードの意味は、「フォームの横位置＝新しい横位置を計算」「フォームの縦位置＝新しい縦位置を計算」となります。

❿	`ColorDialogFusen.` `ShowDialog()`	[色の設定]ダイアログボックス（ColorDialogFusen）をShowDialog()メソッドで起動します
⓫	`TextFusenMemo.BackColor =` `ColorDialogFusen.Color`	TextBoxコントロール（TextFusenMemo）の背景色（BackColor）を[色の設定]ダイアログボックス（ColorDialogFusen）の選択した色（Color）に設定しています

「e.KeyCode =」と入力すると、インテリセンスが起動して、入力候補の一覧が表示されるので、ヘルプで確認しながらコードを書くことができます。

説明だけでは、❻❼と❾の処理のイメージがわかないと思いますので、さらに図を追加します。

図4-9：マウスの位置（X座標,Y座標）を取得する

❻❼の処理では、MouseDownイベントの中で、マウスの左ボタンが押されたら、そのマウスの位置を変数MouseX、変数MouseYに記憶する処理を行います。

つまり、次のメソッドの第2引数の「e」にマウスに関する情報が渡されます。

```
Private Sub TextFusenMemo_MouseDown(sender As Object,
          e As MouseEventArgs) Handles TextFusenMemo.MouseDown
```

このMouseDownイベントが発生した時点での、マウスの位置はイベントの引数の情報「e.X」「e.Y」にあります。つまり、この図の位置で「e.X」「e.Y」の値は、

```
e.X = 12
e.Y = 14
```

になります。また、

```
MouseX = e.X
MouseY = e.Y
```

という処理で「e.X」「e.Y」の値を変数MouseX、変数MouseYに記憶します。マウスの位置が(12,14)なので、それぞれの変数の値は、

```
MouseX = 12
MouseY = 14
```

になります。

マウスの左ボタンをクリックした状態で、マウスの位置を移動させます。すると、マウスが移動したわけですから、MouseMoveイベントが発生します。

このイベントが発生した時点でのマウスの位置は、イベントの引数の情報「e.X」「e.Y」にあります。

図4-10：移動したマウスの位置（X座標,Y座標）を取得する

つまり、この図の位置で「**e**.X」「**e**.Y」の値は、

```
e.X = 14
e.Y = 15
```

になります。

　次に、マウスの移動した位置に合わせて、Formコントロールの位置を移動させます。簡単に言ってしまえば、マウスを移動させた分だけFormコントロールを移動するという処理になります。
　X座標について見てみると、次のようになります。

新しいFormコントロールの位置 = 古いFormコントロールの位置＋マウスの移動距離X

図4-11：マウスの移動を利用して、Formコントロールの移動先の位置を計算し、Formを移動する

マウスの移動距離Xは、

> **新しいマウスの位置 – 古いマウスの位置**

となるため、変数を使用すると、

> **e.X – MouseX**

で表すことができます。

ここまでの説明を整理しますと、以下のような計算式になります。

> **新しいForm の位置 ＝ 古いForm の位置 ＋ 新しいマウスの位置 – 古いマウスの位置**

変数を使用すると、以下のようになります。

> **Me.Left ＝ Me.Left + e.X – MouseX**

Y座標についても同様です。実際に数字を当てはめてみると、

中級編
Chapter
4

```
Me.Left= Me.Left + e.X - MouseX
        = 4 + 14 - 12
        = 6
Me.Top = Me.Top + e.Y - MouseY
        = 7 + 15 - 14
        = 8
```

つまり、新しいFormコントロールの位置は、(6,8)だと計算できます。

●手順⑤ 動かしてみる

さて、すぐにでも実行したいところですが、ここでも4-1節と同様に注意事項があります。本書執筆時（2023年3月）において、Formの名称を変更した場合に、アプリケーションを実行するとエラーになってしまうことがあります。これはVS Community 2022の内部的に、実行時にスタートするフォームの名称の初期設定値と、値が異なってしまうためです。そのため、下記の追加操作が必要になります*。

●追加の手順

■プロジェクトを右クリックする

ソリューションエクスプローラーからプロジェクトを右クリックし、表示されたメニューから、一番下にあるプロパティを選択します

---

* **追加操作が必要になります** VS Community 2022のバージョン更新によって、この手順が不要になる可能性があることをご承知おきください。

2 Timer プロジェクトのプロパティページが表示される

❶ Fusenプロジェクトのプロパティページが表示されます。左のメニュー項目はそのまま［アプリケーション］→［全般］が選択されている状態で、下にスクロールして、［スタートアップ オブジェクト］を表示します

❷ ［スタートアップ オブジェクト］のドロップダウンリストから、Form1から変更したForm名の「FormFusen」を選択します

　ここで、エラーが起きないことを確認するために160ページの手順と同じ要領で、一旦ビルドを行ってください。もしエラーが起きた場合は「Me.MainForm = FormFusen」と変更してください。

　では、［▶Fusen］ボタンをクリックして、「付箋メモ」アプリケーションを実際に動かしてみましょう。

　正しい動作をしているかどうかを確認するには、手順❶で書いた特徴の通りに動いているかをチェックするとよいですね。以下の表4-11にチェック項目を挙げますので、同じようにチェックしてみてください。

表4-11：「付箋メモ」のチェック項目

「付箋メモ」の特徴	実行したときの画面	コメント	チェック結果
・文字が入力できる ・複数行に文字が入力できる	付箋メモ あああ いいいいい	・文字が入力できた ・改行して複数行に文字が入力できた	OK？
・背景色は薄い黄色 ・背景色の変更も可能	色の設定 ✕ 基本色(B):	・最初の背景色は薄い黄色 ・ダブルクリックで変更できた（ちょっと嬉しくなった）	OK？
・Windowsフォームのボタンがない ・そのかわり[Esc]キーでアプリケーションが終了する	付箋メモ あああ いいいいい	・Windowsフォームのようなボタンはなし ・[Esc]キーでアプリケーションを終了できた	OK？
マウスで動かすことができる	付箋メモ あああ いいいいい	左クリックして、動かしてみたら動いた	OK？

目立つように常に一番前に表示される		常に一番前に表示された	OK？
カッコよくちょっと透けて見える		透けて見えた（透けすぎて気にいらない場合は、Opacityプロパティの値を変更）	OK？

　ちょっと見づらいかもしれませんが、タイトルバーがなく、半透明で常に一番前に表示される「付箋メモ」アプリケーションが完成しました。

　アプリケーション本体は、保存したディレクトリの「Fusen¥bin¥Debug¥net7.0-windows」以下にあります。「C:¥VB2022_Application¥Chapter4-2¥Fusen¥bin¥Debug¥net7.0-windows」の「Fusen.exe」をダブルクリックして直接起動することで、複数の「付箋メモ」アプリケーションを実行できます。

複数の「付箋メモ」を起動できます

まとめ

- ◉ アプリケーション作成の流れを覚えると、ほかのアプリケーションを作成するときも同じ要領で作成できる。
- ◉ プロパティの設定の方法は様々ある。
- ◉ デザイン画面のプロパティウィンドウのボタンで、プロパティとイベントを簡単に切り替えることができる。
- ◉ .NET 7.0が裏でがんばってくれているので、コードを書く量は少なくて済む。
- ◉ インテリセンスは便利なので積極的に使おう。
- ◉ はじめに描いた完成イメージと機能のメモを元に、正しく処理が実装できているかをテストすると、アプリケーションの間違いが少なくなる（品質が良くなる）。
- ◉ 「.exe」ファイルを直接起動すると、同じアプリケーションを同時に複数実行できる。

3 「今日の占い」の作成

今度は、処理が複数に分岐する「今日の占い」アプリケーションを作成します。せっかくなので、画像データも扱ってみましょう。

●手順① 「今日の占い」の完成イメージを絵に描く

「今日の占い」アプリケーションの特徴と、完成イメージを絵に描いてみましょう。

少し面倒ですが、あらかじめイメージを固めておくことで、完成したアプリケーションの出来をチェックできます。最初のうちは、いろいろと描いてみてください。

・今日の日付をできるだけ簡単に入力できる。

・占いを実行する［占う］ボタンがある。

・占いの結果が画像データで表示される。

・詳しい結果が下に文字で表示される。

・アプリケーションの画面を拡大すると、それに合わせて結果の画像データも拡大する。

図4-12：「今日の占い」の完成イメージを絵に描く

●手順② 「今日の占い」の画面を作成する

参考までに、完成した画面は次のようになります。

まずは4.1節と同様に、ひな形を作成しましょう。VS Community 2022を起動し、[新しいプロジェクトの作成] をクリックすると、[新しいプロジェクトの作成] 画面が表示されます。上部検索ボックスに「winforms」と入力すると、その下の一覧に [Windowsフォームアプリ] が表示されます。

その中からVisual Basic用のアプリ（[Windowsフォームアプリケーション（.NET Framework）] ではありません）を選択し、さらに [次へ] ボタンをクリックすると、[新しいプロジェクトを構成します] 画面が表示されます。プロジェクト名に、「Uranai」と入力してください。

また、保存する場所はどこでもかまいませんが、支障がなければ「C:¥VB2022_Application¥Chapter4-3」とします。そして、[次へ] ボタンをクリックすると、[追加情報] 画面が表示されます。[.NET 7.0（標準用語のサポート）] を選択して、[作成] ボタンをクリックすると、ひな形が作成されます。

作成されたひな形は、次のようになります。

先ほど描いた完成イメージの絵を元にして、最適なコントロールを選び、Windowsフォームに貼り付けていきましょう。

　画面の作成でポイントとなるのは、**日付を簡単に入力できる仕組み**です。TextBoxコントロールを使って日付を入力してもいいのですが、入力内容が日付かどうかの判定が大変になります。「2023/2/31」など本来ありえない値も入力できてしまいますね。
　そこでツールボックスを眺めてみると、便利そうなコントロールがあることがわかります。「DateTimePicker」や「MonthCalendar」が便利なカレンダーコントロールです。
　今回は、レイアウトを考えて、**DateTimePickerコントロール**を使ってみます。
　また、結果を画像データで表示させたいので、画像データを扱うコントロールをツールボックスから探してください。見つかりましたか？　正解は、**PictureBoxコントロール**です。

　ここまでの画面のイメージは、次のようになります。

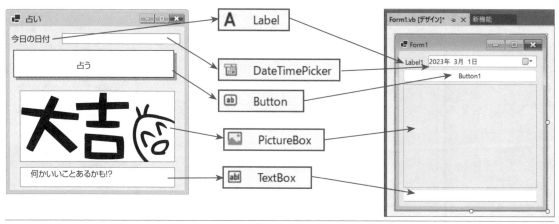

図4-13：ツールボックスからコントロールを選んで割り当てる

●手順③ 画面のプロパティや値を設定する

　まずは、それぞれのコントロールの名前やサイズなどのプロパティを設定しましょう。なお、ほかから影響を受けないコントロールの名前は、デフォルトの状態にしてあります（Label1）。

表4-12：コントロールとプロパティの設定

No.	コントロール名	プロパティ名	設定値
❶	Formコントロール	(Name)プロパティ	FormUranai
		Textプロパティ	占い
		Sizeプロパティ	300, 330
❷	Labelコントロール	Textプロパティ	今日の日付
❸	DateTimePickerコントロール	(Name)プロパティ	DateTimeUranai
❹	Buttonコントロール	(Name)プロパティ	ButtonUranaiStart
		Textプロパティ	占う
		Sizeプロパティ	256,30
❺	PictureBoxコントロール	(Name)プロパティ	PictureBoxResult
		Sizeプロパティ	256,100
		SizeModeプロパティ	Zoom
❻	TextBoxコントロール	(Name)プロパティ	TextResult
		Multilineプロパティ	True
		Sizeプロパティ	256,70

なお、各コントロールのSizeプロパティの値は、目安となります。ディスプレイの解像度などにより、調整してください。

プロパティを設定し終わった後のデザイン画面のイメージは、こうなります。

また、❺のPicturBoxコントロールの**SizeMode プロパティ**は、PictureBoxコントロール内でのイメージ（画像データ）の配置方法を指定するプロパティです。「Zoom」を設定すると、画像データの縦横比を維持したままで拡大または縮小します。

　次に、**PictureBoxコントロール**に表示する画像データを作成しましょう。画像データは、「タイトル（今日の運勢は…）」「吉」「小吉」「中吉」「大吉」「凶」の6つを作成します。

▼「タイトル」のイメージ

▼「吉」のイメージ

▼「小吉」のイメージ

▼「中吉」のイメージ

▼「大吉」のイメージ

▼「凶」のイメージ

　VS Community 2022 では、コード以外のものを管理する場合、**リソース**として管理します。このリソースの機能を利用して、画像データを作成します。

1 Uranaiプロジェクトを右クリックする

ソリューションエクスプローラーにあるUranaiプロジェクトを右クリックして、コンテキストメニュー*から［プロパティ］を選択します

2 ［リソース］を選択する

❶ プロパティのページが表示されます

❷ 左側のタブから［リソース］を選択します

3 リンクをクリックする

[アセンブリリソースを作成する/開く]のリンクをクリックします

4 新しいリソース（BMPイメージ）を追加する

❶ [Resources.resx] という名称のアセンブリリソース作成画面が開きます

❷ [リソースの追加] の [▼] ボタンをクリックします

❸ [新しいイメージ] ➡ [BMPイメージ] を選択します

5 新しいリソースの名前を入力する

❶ ［新しいリソースを追加する］画面が表示されます

❷ 「Title」と入力します

❸ ［追加］ボタンをクリックします

6 ビットマップエディターが起動する

「Title.bmp」というファイル名で、ビットマップエディターが起動します

7 プロパティウィンドウでキャンパスのサイズを設定する

ビットマップエディターのプロパティウィンドウで幅を「256」、高さを「100」に設定します

ヒント 中央の鎖のアイコン🔗をクリックして、［縦横比を維持する］を解除します。解除されると鎖が切れたアイコン〔 〕になります。

🔳横長のキャンパスが表示される

❶ 幅が「256」ピクセル、高さが「100」ピクセルの横長のキャンパスが表示されます

❷ このキャンパスに自由に絵を描きます

🔳キャンパスを上書き保存する

❶ 絵を描いたら、ビットマップエディターのタブの右上にある[×]ボタンをクリックして、ビットマップエディターを終了します

❷ そのとき、「以下の項目への変更を保存しますか?」という確認メッセージが表示されるので、[保存]ボタンをクリックします

⑩ リソースが更新される

絵を描くのが得意な方は、占いの結果をイメージした絵を描いてください。

また、絵を描くのが苦手な方は、文字のフォントサイズを28〜36ポイントくらいにすると、いい感じの大きさ（2行分の文字を書けるサイズ）になるので、「今日の運勢は…」などのタイトルにふさわしい文字を書いてみてください。あわせて色も塗ってみましょう。

Visual Studioのビットマップエディターが使いづらい方は、Windowsに付属するアプリ「ペイント」などで幅が「256」ピクセル、高さが「100」ピクセルの絵を描いて、コピーするのもよいかと思います。

同様の手順で、「大吉」「中吉」「小吉」「吉」「凶」の画像データを作成します。ファイル名は、そのままローマ字にしましょう。

表4-13：占いの結果と画像データのイメージ

占いの結果	ファイル名	絵のイメージ
大吉	Daikichi.bmp	超きもちいいー！（暖色）
中吉	Cyuukichi.bmp	ちょっといい感じ
小吉	Syoukichi.bmp	普通な感じ
吉	Kichi.bmp	やや悪めな感じ
凶	Kyou.bmp	超最悪……（寒色）

　ご参考までに中吉は、フォントが「HG創英角ポップ体 太字（HGSoeiKakuopoptai）」、フォントサイズが「72」、文字色が「ピンク」で、空いたスペースに中吉的な雰囲気を醸し出す表情を同じ色で描いています。

　すべての画像データを作成すると、このようにリソースに表示されます。

ソリューションエクスプローラーから見ると、Resourceフォルダーの下に作成したBMPファイルが配置されています。

　実際のファイルの位置も「C:¥VB2022_Application¥Chapter4-3」にソリューションすべてを保存すると「C:¥VB2022_Application¥Chapter4-3¥Uranai¥Resources」以下に「Daikichi.bmp」のように配置されます（「VB」はVisual Basicの略です）。

画像データが完成したら、残りのプロパティを設定します。

まず、デザイン画面に戻って、PictureBoxコントロール（PictureBoxResult）の**Anchorプロパティ**を設定します。

⓫ Anchorプロパティを設定する

❶ まず、PictureBoxResultのAnchorプロパティの☑ボタンをクリックします

❷ 四角のまわりに、灰色や白の線のようなものがありますね。この白い線の部分をすべてクリックしてください

同様に、TextBoxコントロール（TextResult）のAnchorプロパティを「Bottom, Left, Right」と設定してください（左右と下を灰色に、上を白に設定してください）。

�12初期イメージを設定する

① 初期イメージを設定するため、PictureBoxResultのスマートタグを展開します

② ［イメージの選択］をクリックします

Tips　Anchor プロパティ

Anchorプロパティは、日本語で「船を泊めるときのアンカー」、つまり「錨」に相当するものです。Formコントロールの画面の大きさを変更した場合に、「どの部分に引っ張られて大きさを変えるか」という設定を行います。濃い灰色になっている部分が、端にアンカーをかけた状態になります。

下の画面のように、四辺にアンカーを設定した場合、Formコントロールを大きくすれば、それに連動してPictureBoxコントロールなども大きくなります。

また、すでにSizeModeプロパティをこっそり「Zoom」に設定していますが、これはPictureBoxコントロールが大きくなった場合、それに連動して画像データも大きくなるという意味になります。

なお、「Top, Bottom, Left, Right」と直接文字を入力してもかまいません。ただし、綴りを間違うとエラーになるので、注意してください。

アンカーをかけた状態

この後、初期イメージとして「タイトル」を設定しますが、本書の執筆時（2023年3月）において、PictureBoxのタスクでイメージの選択しても、プロジェクトリソースに何も表示されないことがあります。その場合は、下記の追加設定が必要になります※。

まず、エラーのポップアップウインドウの [OK] ボタンをクリックします。

次に [リソースの選択] ウィンドウで、[プロジェクトリソースファイル] のラジオボタンを選択し、その下の [インポート] ボタンをクリックします。

❶ [プロジェクトリソースファイル] の
ラジオボタンを選択します

❷ [インポート] ボタンをクリックします

※ **追加設定が必要になります**　VS Community 2022のバージョン更新によって、この手順が不要になる可能性があることをご承知おきください。

エクスプローラーで「C:¥VB2022_Application¥Chapter4-3¥Uranai¥Uranai¥Resources」フォルダを指定します。表示されている6つの画像（.bmpファイル）を選択し、［開く］ボタンをクリックします。

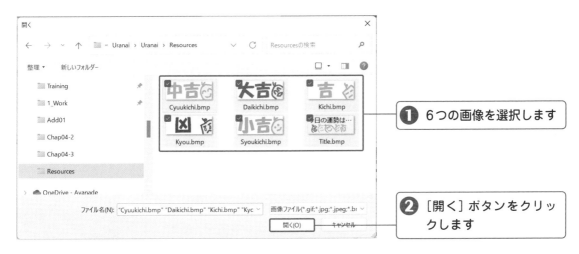

❶ 6つの画像を選択します

❷ ［開く］ボタンをクリックします

プロジェクトリソースファイルに上記で選択した画像が一覧表示されます。

🔢 初期イメージとして「タイトル」を設定する

❶ 初期イメージには「タイトル」の画像データを使うので、プロジェクトリソースファイルから「Title」を選択します

❷ ［OK］ボタンをクリックします

ヒント　選択した画像データが表示されるので、確認しましょう。

初期イメージを設定すると、デザイン画面にも結果が反映されて、設定した画像データを見ることができます。

●手順④ コードを書く

「今日の占い」アプリケーションのイベントは、[占う] ボタンをクリックしたときに発生するイベントだけです。

図4-14：[占う] ボタンをクリックしたときの処理のフローチャート

今回のコードのポイントは、**条件分岐**が**複数**ある場合のコードの書き方です。

If文の中にさらに、If文を書く（入れ子*にする）方法もありますし、**If〜Then〜Else**と、**Else If**で条件を分けて分岐する方法もあります。

文法 **If〜Then〜ElseIf〜Else文の使い方**

```
If 条件式1 Then
    条件式1を満たしたときの処理1
ElseIf 条件式2 Then
    条件式2を満たした場合の処理2
Else
    条件式1と条件式2を満たさなかった場合の処理3
End If
```

また、そのほかの方法として、**Select〜Case文**を使う方法があります。Select〜Case文の文法は、次の通りです。

文法 **Select〜Case文の使い方**

```
Select Case 条件式
    Case 値1
        条件式の結果が値1である場合の処理1
    Case 値2
        条件式の結果が値2である場合の処理2
    …（中略）…
    Case Else
        条件式の結果がどの値とも一致しない場合の処理
End Select
```

条件式には、複数の結果が予測される条件を指定します。今回の場合では「年間累積日を5で割った余り」が条件式になり、その結果は0〜4までの整数になります。なお、「〜で割った余り」を**剰余**（じょうよ）といい、**%**という演算子を使って結果を求めます。

また、**Case文**には、次のように条件式が取りうる値と、その処理を記述します。

```
Case 0
    条件式の値が0である場合の処理
```

このcase文では、「年間累積日を5で割った余り」が「0」のケース（場合）に実行される処理を記述します。

＊**入れ子** プログラムの構築手法の1つ。条件分岐などの「ひとまとまりのプログラムの固まり（ネスト）」の内部に、別のプログラムの固まり（ネスト）が埋め込まれること。何段階にも、入れ子を組み合わせていくことで、プログラムを構成する。

最後の**Case Else文**は、「どの値とも一致しない場合の処理」を記述します。省略することも可能ですが、設定しないとCase文の処理に漏れがあった場合、何も実行されないのでエラーを見逃しやすくなってしまいます。できるだけ設定しましょう。

それでは、実際のコードを示します。だいぶ慣れてきましたか？　今回は、コメントで骨組みを書いていた部分を省略します。　　　　　の部分は、自動で記述される部分です。

List 1 サンプルコード（[占う] ボタンをクリックしたときの処理：Form1.vb）

```vb
Public Class FormUranai
    Private Sub ButtonUranaiStart_Click(sender As Object,
            e As EventArgs) Handles ButtonUranaiStart.Click
❶      Dim dateNumber As Integer ' 年間累積日を記憶する変数
        dateNumber = DateTimeUranai.Value.DayOfYear ' 選んだ日付から、年間累積日を計算
❷      Select Case dateNumber Mod 5 ' 年間累積日を5で割った余りは？
❸          Case 0 ' 大吉
❹              PictureBoxResult.Image = My.Resources.Daikichi
                TextResult.Text = "思ったことがコードにかけてものすごいアプリがつくれるかも！！"
            Case 1 ' 中吉
                PictureBoxResult.Image = My.Resources.Cyuukichi
                TextResult.Text = "書いたコードがビルドエラーも起きず一発で実行できるかも！"
            Case 2 ' 小吉
                PictureBoxResult.Image = My.Resources.Syoukichi
                TextResult.Text = "できた！と思ったらコード書き忘れて動かないところがあるかも"
            Case 3 ' 吉
                PictureBoxResult.Image = My.Resources.Kichi
                TextResult.Text = "なかなかエラーが修正できないかも"
            Case 4 ' 凶
                PictureBoxResult.Image = My.Resources.Kyou
                TextResult.Text = "せっかく書いたプログラムが消えるかも。" _
                        + "まさにしょぼーんなことがおこるかも"
❺          Case Else ' ここに到達することがあれば条件のミス
                PictureBoxResult.Image = Nothing
        End Select
    End Sub
End Class
```

表4-14：List1のコード解説

No.	コード	内容

❶	`Dim dateNumber As Integer`
	`dateNumber = DateTimeUranai.`
	`Value.DayOfYear`
		整数型の変数dateNumberを定義し、DateTimeUranaiの値（Value）から年間累積日（DayOfYear）を代入します。年間累積日は、1月1日から数えた日数を示す整数値です。1月1日が整数の1、閏年の12月31日は366となります

❷	`Select Case dateNumber Mod 5`
	`〜`
	`End Select`
		Select〜Case文の条件式が「dateNumber Mod 5」。**Mod**は、割り算の余りを求める演算子です。「年間累積日を5で割った余りで分岐する」という意味になります

❸	`Case 0 ' 大吉`	条件式の結果が「0」の場合に、処理を実行します*。Case文の下には、条件式の結果が一致した場合の処理を書きます。処理は複数行あっても問題ありません

❹	`PictureBoxResult.Image =`
	`My.Resources.Daikichi`
	`TextResult.Text = "結果の文章"`
		PictureBoxResultのImageプロパティ（画像）に対して、リソース（My.Resources）から「大吉」（Daikichi）の画像データを割り当てます。また、TextBoxコントロール（TextResult）のText（表示する文章）には、リソース管理の機能を利用して、それらしい文章を自由に割り当ててみてください

❺	`Case Else`
	`PictureBoxResult.Image =`
	`Nothing`
		「年間累積日を5で割った余り」が0〜4以外になることはないので、このコードは万が一間違えた場合の保険の意味のコードです。Imageに「Nothing（何もない）」を代入しているので、このコードに到達したら、画像は表示されなくなります

中級編 Chapter 4

●手順⑤ 動かしてみる

　さて、すぐにでも実行したいところですが、ここで注意事項があります。本書執筆時（2023年3月）において、Formの名称を変更した場合に、アプリケーションを実行するとエラーになってしまうことがあります。これはVS Community 2022の内部的に、実行時にスタートするフォームの名称の初期設定値と、値が異なってしまうためです。

　そのため、下記の追加操作が必要になります*。

---

* **条件式の結果が「0」の場合に、処理を実行します** このCase文の処理をIf文に置き換えると「If ((dateNumber % 5) = 0)」の処理と同じになる。

* **追加操作が必要になります** VS Community 2022のバージョン更新によって、この手順が不要になる可能性があることをご承知おきください。v

●追加の手順

🞑 プロジェクトを右クリックする

> ソリューションエクスプ
> ローラーからプロジェクト
> を右クリックし、表示された
> メニューから、一番下にあ
> るプロパティを選択します

🞒 Uranai プロジェクトのプロパティページが表示される

> ❶ Uranaiプロジェクトのプロパティ
> ページが表示されます。左のメ
> ニュー項目はそのまま［アプリケー
> ション］→［全般］が選択されてい
> る状態で、下にスクロールして、［ス
> タートアップ オブジェクト］を表
> 示します

> ❷ ［スタートアップ オブジェクト］
> のドロップダウンリストから、
> Form1から変更したForm名の
> ［Uranai.FormUranai］を選択し
> ます

　ここで、エラーが起きないことを確認するために160ページの手順と同じ要領で、一旦ビルドを行ってください。もしエラーが起きた場合は「Me.MainForm = FormUranai」と変更してください。

　では、ツールバーの［▶Uranai］ボタンをクリックして、実際に動かしてみましょう。

　最初に考えたイメージ通り動作するかを確認するために、チェック項目を作ってみました。みなさんも同じようにチェックしてみてください。

表4-15：「今日の占い」のチェック項目

「今日の占い」の特徴	実行したときの画面	コメント	チェック結果
今日の日付をできるだけ簡単に入力できる		DateTimePickerコントロールを使うと、入力時にカレンダーが出てくるので、省スペースで簡単に入力できる	OK？
[占う] ボタンがある		[占う] ボタンがあるので、説明がなくてもここをクリックするとよいのかな？ということがわかる	OK？
結果が画像データで表示される		結果が画像データで表示され、違う日付にすると、違う画像データになる	OK？
詳しい結果が下に文字で表示される		詳しい占いの結果が下の領域に表示される	OK？
画面の大きさに応じて、画像データの大きさが変化する		フォームを倍くらいの大きさに拡大すると、画像データも大きくなる	OK？

中級編
Chapter
4

まとめ

- ● DateTimePickerコントロールやMonthCalendarコントロールを使うと、日付を簡単に入力できる。
- ● 画像データを扱うには、PictureBoxコントロールを使うとよい。
- ● Select～Case文を使って、条件分岐が複数ある場合の処理を書くことができる。

Column 文字を表すには？

　プログラムコードで文字を表す場合は「"」（ダブルクォーテーション）で囲みます。1つ以上の文字を並べたものを「文字列」と言います。"こんにちは"が文字列ですね。

　値を代入する場合など「123」と書くと、数字なのか、文字列なのか迷ってしまいます。そこで、文字列ですということがわかるように「"」で囲むというわけです。例えば、次のような文字列があったとします。

```
Label1.Text = "こんにちは"
Label1.Text = "12345"
```

　文字列は足し算をすることができます。「"こんにちは"」+「"12345"」の結果は、「"こんにちは12345"」となります。

Column Visual Studio Code

　最近では、Webアプリ開発を中心として、マルチプラットフォーム（Windows、Mac、Linux）での開発が行われることが増えています。しかし、Visual Studioは、Linuxでは動作しません。また、ちょっとしたファイルの修正を行うときに、Visual Studioを起動するのも重すぎるかと思います。

　このような状況で、Visual Studioの便利な機能と同等の機能の一部を利用可能なエディターとして、Visual Studio Codeが使われることが増えています。拡張の機能によって、インテリセンスも使えるので、ちょっとした修正には十分な機能を持っています。

「間違い探しゲーム」の作成

4

「間違い探しゲーム」を作成します。今回は同じコントロールが大量にある場合でも、コードをその分、大量に書く必要がないというところがポイントになります。

●手順① 「間違い探しゲーム」の完成イメージを絵に描く

　筆者の「荻原（おぎわら）」がよく「萩原（はぎわら）」と間違えられるため（苦笑）、いっそのことゲームにしてしまったら面白いのでは？ と考えたものが**「間違い探しゲーム」**アプリケーションになります。

図4-15：荻（おぎ）と萩（はぎ）

　たくさんの「萩」という文字の中に1つだけ「荻」という文字があり、「荻」を発見するというゲームです。ゲーム性を高めるためにルールも考えました。

・最初は何も表示されておらず、スタートで開始する。
・発見するまでの秒数をリアルに表示して焦らせる。
・正解の文字の場所は、ランダムに表示する（毎回違う位置）。
・正解の文字をクリックすると、タイマーが止まる。

　ルールを考慮して画面を描いてみると、次のようになりそうです。

秒数を表示

探す文字（漢字）
を表示

荻を探せ　記録：□秒　スタート

スタートで
ゲーム開始

文字はできるだけ
大きく認識しやすい
フォント

ランダムな場所に
1つだけ正解の
文字が現れる

図4-16：「間違い探しゲーム」の完成イメージを絵に描く

●手順② 「間違い探しゲーム」の画面を作成する

参考までに、完成イメージは以下のようになります。

① 探す文字（漢字）を表示します

② 秒数を表示します

③ ［スタート］ボタンで
ゲームを開始します

④ 文字は見やすいように、
できるだけ大きくします

⑤ ランダムな場所に1つだけ
正解の文字が現れます

4.1節と同様に、ひな形を作成しましょう。VS Community 2022を起動し、［新しいプロジェクトの作成］をクリックすると、［新しいプロジェクトの作成］画面が表示されます。上部検索ボックスに「winforms」と入力すると、その下の一覧に［Windowsフォームアプリ］が表示されます。

その中からVisual Basic用のアプリ（［Windowsフォームアプリケーション（.NET Framework）］ではありません）を選択し、さらに［次へ］ボタンをクリックすると、［新しいプロジェクトを構成します］画面が表示されます。プロジェクト名に、「KanjiDifferenceHunt」と入力してください。

また、保存する場所はどこでもかまいませんが、支障がなければ「C:¥VB2022_Application¥Chapter4-4」とします。そして、［次へ］ボタンをクリックすると、［追加情報］画面が表示されます。そのまま、［作成］ボタンをクリックすると、ひな形が作成されます。

作成されたひな形は、次のようになります。

「間違い探しゲーム」アプリケーションは、画面上部がスタートボタンや時刻表示を示す機能が集中していて、画面下部はゲーム画面ですね。そこで、画面を分けるコントロールを使ってみましょう。

まずは、Windowsフォーム画面を土台にして、いろいろコントロールを貼り付けていきたいので、以下のように設定してください。

表4-16：コントロールとプロパティの設定

No.	コントロール名	プロパティ名	設定値
❶	Formコントロール	(Name) プロパティ	FormGame
		Size プロパティ	700,750
		Text プロパティ	間違い探し

設定後のVS Community 2022の画面は、以下のようになっています。

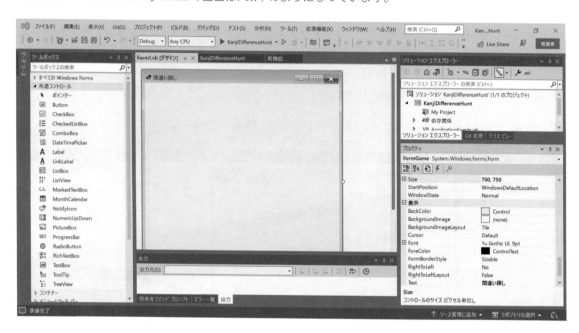

次に、画面を分割するコントロールを選びます。

ツールボックスの中に［コンテナー］として分類されているコントロール群がありますので、その中からコントロールを選びます。**コンテナー**は、TextBoxなどのコントロールをまとめて扱うことのできる入れ物のコントロールで、目的により細分化されています。

今回は上下に二分割して使いたいので、**SplitContainer コントロール**を使います。

SplitContainer コントロールは、**Panel**というコンテナーの部品を2つ並べ、**Splitter**という区切り線で分割し、Spliterを使って実行時に自由にPanelの大きさを変更できるというコントロールです。これをWindowsフォームにドラッグ＆ドロップします。

SplitContainerコントロールを画面にドラッグ＆ドロップすると、いきなり以下のような左右に分割された画面になっています。安心してください。設定できますよ！

図4-17：Splitter（区切り線）で分割されたPanel（パネル）が左右に表示される

① [SplitContainer] コントロールのスマートタグ（右上の三角）をクリックし、展開します

② [SplitContainer タスク] の [上下スプリッターの方向] をクリックします

すると、SplitContainerコントロールが上下分割になりました。

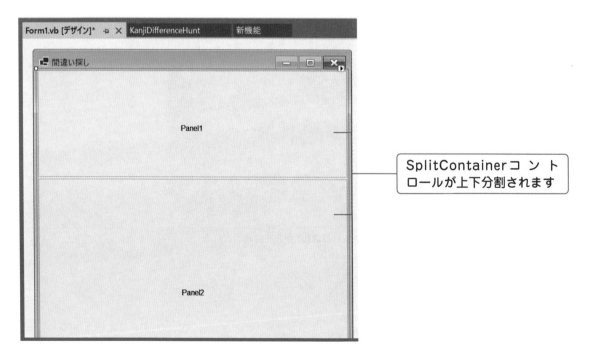

SplitContainerコントロールが上下分割されます

このSplitContainerコントロールのプロパティも先に設定しておきましょう。

表4-17：コントロールとプロパティの設定

No.	コントロール名	プロパティ名	設定値
❶	SplitContainer コントロール	(Name) プロパティ	SplitContainer1
		SplitterDistance プロパティ	70

SplitterDistance プロパティは、PanelとPanelを区切るSplitterの距離（Distance）を表すプロパティで、端から（この場合は上から）70pxの位置に分割線のSplitterを設定しています。

設定後は、以下のようになります。

画面を上下に分割しましたので、画面上部からデザインしていきましょう。

図4-18：ツールボックスからコントロールを選んで割り当てる

画面上部のコントロールのプロパティに値を設定しましょう。

表4-18：コントロールとプロパティの設定

No.	コントロール名	プロパティ名	設定値
❶	TextBoxコントロール	(Name)プロパティ	TextHunt
		Fontプロパティ	メイリオ*,16pt
		Sizeプロパティ	55,55
❷	Labelコントロール	Textプロパティ	を探せ
❸	Labelコントロール	Textプロパティ	記録：
❹	TextBoxコントロール	(Name)プロパティ	TextTimer
		Fontプロパティ	メイリオ,16pt
		Sizeプロパティ	160,55
		TextAlignプロパティ	Right
❺	Labelコントロール	Textプロパティ	秒
❻	Buttonコントロール	(Name)プロパティ	ButtonStart
		Fontプロパティ	メイリオ,16pt
		Sizeプロパティ	211,55
		Textプロパティ	スタート

　なお、**Fontプロパティ**は、プロパティウィンドウの右にある … ボタンをクリックすると、［フォント］ダイアログボックスが起動し、詳細に設定できます。

---

* **メイリオ**　フォントの「メイリオ」がWindows 11や10にない場合、「游ゴシック Medium」や「Yu Gothic UI Semibold」などで代用してください。

❷ [フォント] ダイアログボックスが起動します

❸ フォント名やサイズなどを設定します

❹ [OK] ボタンをクリックします

Tips **デザインのコツ**

画面を綺麗に見せるには、テキストの下部の位置を揃えるとよいでしょう。

フォントの設定を変えた場合、テキストが空白の部分はイメージと合わせるため、任意の文字を入れてデザインを整えたのち、空白に戻すとよいです。

さて、すぐにでも実行したいところですが、ここで注意事項があります。本書執筆時（2023年3月）において、Formの名称を変更した場合に、アプリケーションを実行するとエラーになってしまうことがあります。これはVS Community 2022の内部的に、実行時にスタートするフォームの名称の初期設定値と、値が異なってしまうためです。そのため、下記の追加操作が必要になります＊。

＊ **追加操作が必要になります**　VS Community 2022のバージョン更新によって、この手順が不要になる可能性があることをご承知おきください。

●追加の手順

❶プロジェクトを右クリックする

ソリューションエクスプローラー
からプロジェクトを右クリック
し、表示されたメニューから、一番
下にあるプロパティを選択します

❷ Uranai プロジェクトのプロパティページが表示される

❶ KanjiDifferenceHuntプロジェ
クトのプロパティページが表示さ
れます。左のメニュー項目はその
まま［アプリケーション］→［全
般］が選択されている状態で、下
にスクロールして、［スタートアッ
プ オブジェクト］を表示します

❷［スタートアップ オブジェクト］
のドロップダウンリストから、
Form1から変更したForm名の
「KanjiDifferenceHunt.
FormGame」を選択します

　ここで、エラーが起きないことを確認するために160ページの手順と同じ要領で、一旦ビルドを行ってく
ださい。もしエラーが起きた場合は「Me.MainForm = FormGame」と変更してください。

TextBoxコントロールに文字を入れたまま実行してみて、違和感がないか確認してみてください。

次に画面下部のデザインです。

図4-19：ツールボックスからコントロールを選んで割り当てる

クリックをしたいので、ボタンを使います。縦5個×横5個＝25個のボタンをうまく並べるとよさそうです。これだけあると、後からプロパティを設定するのも大変なので、最初に1つ配置した時点で共通の設定を行います。

表4-19：コントロールとプロパティの設定

No.	コントロール名	プロパティ名	設定値
❶	Buttonコントロール	(Name)プロパティ	Button1（規定値のまま）
		Fontプロパティ	メイリオ,36pt
		Sizeプロパティ	125,100
		Textプロパティ	（空白のまま）

プロパティ設定後のデザイン画面は、以下のようなイメージになります。

では、この基本となるプロパティを設定したButtonコントロールを横に4個コピーしましょう。

基本となる左端のButtonコントロールを選択し、[Ctrl]キーを押しながらマウスをドラッグし（これによりコントロールが設定した値でコピーされます）、スナップラインに沿ってデザインすると位置が決めやすくなります。

横に5個並びましたが、左右に偏ってバランスが悪いので、綺麗に揃えます。

以下のようにすると綺麗になります。

■1 右端と左端を揃える

右端と左端の[Button]コントロールをスナップラインで合わせます

2 左右の間隔を均等にする

❶ メニューアイコンのレイアウトの［左右の間隔を均等にする］ボタンをクリックします（なお、レイアウトのこの項目は、複数のコントロールを選択した状態で有効になります）

❷ 折りたたまれて表示されていない場合は、［▼］を展開すると表示されます

3 縦に5列分、コピーする

❶ ［Button］コントロールが均等間隔で配置されました

❷ これを元に縦に5列分、コピーします

4 25個のButtonコントロールが配置される

縦に5列分のコピーが完了すると、25個の［Button］コントロールが綺麗に配置されます

5 上下の間隔を均等にする

❶ 一番下のコントロールの位置を移動
し、スナップラインを利用して、一
番下の位置に合わせます

❸ デザインアイコンの［上
下の間隔を均等にする］
ボタンをクリックします

❷ 並べたButtonの縦一列
を選択します

⑥ 下揃えにする

❶ 左側の基準ができれば、後はそれに合わせて揃えると楽なので、デザインアイコンの［下揃え］ボタンをクリックします

❷ 一番下の5個の横並びの［Button］コントロールを選択し、下揃えで揃えます

❸ 次に、下から2段目の5個の横並びの［Button］コントロールという感じで、下から順番に「下揃え」していきます

画面のデザインができたら、最後に時間計測用の**Timerコントロール**をツールボックスからWindowsフォームにドラッグ＆ドロップし、次の表4-20のようにプロパティを設定してください。

表4-20：コントロールとプロパティの設定

No.	コントロール名	プロパティ名	設定値
❶	Timerコントロール	(Name)プロパティ	Timer1（規定値のまま）
		Intervalプロパティ	20

これでデザインは完成です。

次に、綺麗に配置した25個のButtonコントロールのプロパティを確認します。

●手順③ 画面のプロパティや値を設定する

画面デザインは、次のようになっているでしょうか？

25個のButtonコントロールの（Name）プロパティの値を確認してください。次の表4-21のようになっていれば、設定が不要です。

表4-21：コントロールとプロパティの設定

No.	コントロール名	プロパティ名	設定値
❶	Buttonコントロール	（Name）プロパティ	Button1（規定値のまま。Buttonの後の数字がNo.と同じ）
…	…	…	…
㉕	Buttonコントロール	（Name）プロパティ	Button25（規定値のまま。Buttonの後の数字がNo.と同じ）

Buttonコントロールの（Name）プロパティの値がButton1～Button25まで正しく設定されていれば、OKです。先に進みましょう。

もしもプロパティ値がこの通りになっていないという場合、面倒ですが、画面下部のButtonコントロールをすべて削除して、画面下部のデザインからやり直してください。

画面上部にもButtonコントロールがあります。ここのプロパティの設定漏れに注意してください。

●手順④ コードを書く

画面下部の25個のButtonコントロールのクリックイベントに同じようなコードを書くのが大変なので、画面下部の25個のButtonコントロールのクリックイベントは、すべて同じイベントハンドラー名で登録します。そして、そのイベントハンドラー名の中で、どのボタンが呼ばれたかを判断するイメージです。

25個のイベントを同じ名前で設定する方法は結構、簡単です。25個のButtonコントロールを選択した後、イベントを表示させ、Clickイベントのところに「Buttons_Click」と書いて、[Enter] キーを押し、イベントハンドラーを生成してください。

ソースコード上に「Private Sub Buttons_Click(...」というイベントハンドラーが生成されていればOKです。

Clickイベントに対応するイベントハンドラーを「Buttons_Click」に設定します

ヒント 「Buttons_Click」は、手で入力します。

ヒント Buttons_Clickイベントハンドラーをよく見ると、Handlesの後ろに25個分のボタンのClickイベントが自動で記載されています。Visual Basicでは1つのイベントハンドラに複数のイベントを関連させるときに、Handlesの後ろに関連付けるコントロールのイベントを記載します。ここでは見やすいように改行してみました。

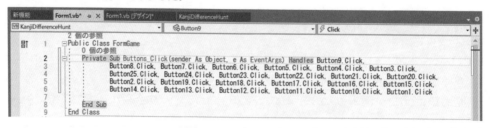

そのほかに必要なイベントは、

・[スタート] ボタンをクリックしたときのイベント
・Timer コントロールの Tick イベント

です。イメージでまとめると、以下のようになります。

❶ Click イベントに対応するイベントハンドラーを「Button Start_Click」に設定します

❷ Click イベントに対応するイベントハンドラーを「Buttons_ Click」に設定します

❸ Tick イベントに対応するイベントハンドラーを「Timer1_Tick」に設定します

ヒント 25個の Button コントロール (Button1～Button25) は、すべて同じイベントです。

3つのイベントを作成した直後のソースコードは、以下のようになっています。

中級編
Chapter
4

フローチャートで、上記3つのイベントハンドラーの処理の概要を描いてみます。

図4-20：Buttons_Clickイベントハンドラーの処理

図4-21：ButtonStart_Clickイベントハンドラーの処理

図4-22：timer1_Tickイベントハン
ドラーの処理

今回のコードのポイントは、同じ処理が多数ある場合に便利な**繰り返し処理**の書き方です。

まずボタンが25個もあるので、初期値として、いったんすべて間違いの文字を設定します。コードに書くと、次のList1のようになります。

List 1 サンプルコード（初期値としてすべてのButtonコントロールに「萩」を設定する）

```
Button1.Text = "萩"
Button2.Text = "萩"
Button3.Text = "萩"
…
Button24.Text = "萩"
Button25.Text = "萩"
```

いかがでしょうか？　コード自体は単純ですが、効率が悪いですね。

Buttonコントロールが100個などに増えると、ただひたすら同じようなコードを書く羽目になってしまいます。そのような場合に使うのが、Forループ文です。

● For ループ文を使う

似たような処理を繰り返す処理を**ループ処理**といいます。

繰り返す数が決まっている場合は、**For ループ文**という構文を使います。For ループ文は、指定した条件の間、同じ処理を繰り返します。For ループ文の文法は、次の通りです。

文法　　**For ループ文の使い方**

```
For ループカウンタ変数名 As データ型名 = 初期値 To 終了値
    ' 繰り返す処理
Next
```

For ループ文の処理のイメージは、次の図4-23のようになります。

なお、左側の図を簡略化したものが右側の図になります。ポイントは、どちらも**ループカウンタ変数**が指定した初期値から終了判定の値まで内部の処理を繰り返すという点です。

図4-23：For ループ文

Forループ文を使って、すべて間違いの文字を設定するコードを書き換えると、次のList2のようになります。

List 2 サンプルコード（Forループ文の記述例：イメージコード）

```
For i As Integer = 1 To 25
    Button(i).Text = "萩"
Next
```

実際には、Button1をButton(i)に置き換えることができないので、このコードはイメージコードです。もちろん、イメージのコードでは実際の処理が書けません。

そこで、**Panelコントロール**を使うと、イメージに似たようなコードでButtonコントロールの値を変更することができます。

Panelコントロールは、各種コントロールを乗せる入れ物です。

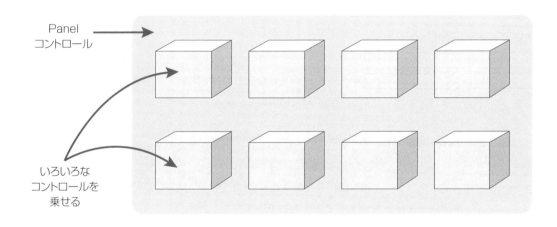

図4-24：Panelコントロールにコントロールを乗せる

Panelコントロールに乗っているすべてのコントロールの数は、

Panel.Contorols.Count

で、取得できます。また、Panelコントロールに乗っているn番目のコントロールの情報は、

Panel.Contorols(n)

で、取得することができます。

Panel.Contorolsの部分は、SplitContainerコントロールにある2つのPanelの下側の場合、Panel2という名前になっているため、splitContainer1.Panel2.Controlsになります。以下のList3のコードで、Panel2の上に乗っている25個のButtonコントロールに「萩」という値が設定できます。

List 3 サンプルコード（Forループ文の記述例：正式版）

```
For i As Integer = 0 To SplitContainer1.Panel2.Controls.Count - 1
    SplitContainer1.Panel2.Controls(i).Text = "萩"
Next
```

なお、コントロールは、0から始まります。そのため、最後の25個目のコントロールは「SplitContainer1.Panel2.Controls.Count -1」、つまり24になります。

以下のList4に、イベントハンドラーの完成したコードを記述します。各コードは、この後に解説します。　　　　の部分は、自動で記述される部分です。

List 4 サンプルコード（「間違い探しゲーム」の3つのイベントハンドラー：Form1.vb）

```
Public Class FormGame
❶  Dim correctText As String = "萩" ' 正解の文字 ： 1つだけ
❷  Dim mistakeText As String = "萩" ' 間違いの文字 ： 24個並ぶ
    Dim nowTime As Double            ' 経過時間


    ' 画面下部の25個のボタンのいずれかをクリックしたとき（共通で呼ばれる）
    Private Sub Buttons_Click(sender As Object,
                           e As EventArgs) Handles Button1.Click,
         Button2.Click, Button3.Click, Button4.Click, Button5.Click,
         Button6.Click, Button7.Click, Button8.Click, Button9.Click,
         Button10.Click, Button11.Click, Button12.Click, Button13.Click,
         Button14.Click, Button15.Click, Button16.Click, Button17.Click,
         Button18.Click, Button19.Click, Button20.Click, Button21.Click,
         Button22.Click, Button23.Click, Button24.Click, Button25.Click
❸    If CType(sender, Button).Text = correctText Then
❹       Timer1.Stop() '時間の計測終了
      Else
         nowTime = nowTime + 10 ' ペナルティー
      End If
    End Sub
```

```
' スタートボタンをクリックしたとき
Private Sub ButtonStart_Click(sender As Object,
                             e As EventArgs) Handles ButtonStart.Click
    TextHunt.Text = correctText    ' 探す文字を表示
❺  Dim Rnd As Random = New Random()  ' 乱数を生成するためのインスタンスを生成
   Dim randomResult As Integer = Rnd.Next(25)  ' 0～24の乱数を取得
    ' SplitContainerの下部のPanel2に乗っている
    ' ButtonのTextをすべて間違いの文字にする
❻  For i As Integer = 0 To SplitContainer1.Panel2.Controls.Count - 1
❼      SplitContainer1.Panel2.Controls(i).Text = mistakeText
    Next
    ' ランダムで1つだけ正解の文字にする。
❽  SplitContainer1.Panel2.Controls(randomResult).Text = correctText
    ' タイマースタート
    nowTime = 0 ' タイマーの初期化
❾  Timer1.Start()
End Sub

' 0.02秒置きに呼ばれるタイマーのイベントハンドラ
Private Sub Timer1_Tick(sender As Object,
                        e As EventArgs) Handles Timer1.Tick
    nowTime = nowTime + 0.02
❿  TextTimer.Text = nowTime.ToString("0.00")
End Sub
End Class
```

表4-22：List4のコード解説

No.	コード	内容
❶	`Dim correctText As String = "萩"`	正解の文字を変数correctTextに設定しています。設定している個所に直接書かずに一旦変数にするのは、あとで文字を変更する際に修正個所が最小限になるようにするためです
❷	`Dim mistakeText As String = "萩"`	間違いの文字を変数mistakeTextに設定しています
❸	`If CType(sender, Button).Text = correctText Then`	ボタンクリックのイベントハンドラ、senderのTextの値、つまりクリックされたボタンのTextの値が、正解のテキストの値と一致しているかを判定します

❹	`Timer1.Stop()`	タイマーを止めます
❺	`Dim Rnd As Random = New Random()` `Dim randomResult As Integer = Rnd.Next(25)`	乱数を生成するためのインスタンス*を生成しています。0〜24 の範囲の25 種類の値を生成するため、Next() メソッドの引数に25 を渡します
❻	`For i As Integer = 0 To SplitContainer1.Panel2.Controls.Count - 1`	For ループ文で処理を決められた回数繰り返します。初期値は0、終了判定がコンテナーの上に乗っているコントロールの数分（Button コントロールの25 個分）、増分は1 ずつ増えます
❼	`SplitContainer1.Panel2.Controls(i).Text = mistakeText`	パネルに乗っているコントロールのi 番目のテキストに間違いの文字を設定しています。For ループ文により、i の値が初期値から終了判定の値まで、増分の数だけ変化します。つまり、i の値は0〜25未満まで、1 ずつ増えて変化します
❽	`SplitContainer1.Panel2.Controls(randomResult).Text = correctText`	イコールの左辺は . と同じ文で、( ) の中の値だけが異なります。生成された0〜24 のランダム値のButton だけを正解の文字に変更しています
❾	`Timer1.Start()`	タイマーの開始です
❿	`TextTimer.Text = nowTime.ToString("0.00")`	画面上部に現在の時間を表示します。小数部2桁で表示します。ToString() の引数で表示する形式を指定できます。小数点以下3桁にしたい場合は "0.000" となります

●手順⑤ 動かしてみる

　ツールバーの [▶KanjiDifferenceHuntUranai] ボタンをクリックして、「間違い探しゲーム」アプリケーションを実際に動かしてみましょう。正しい動作をしているかどうかを確認するには、手順で書いた特徴の通りに動いているかをチェックするとよいですね。

　次の表4-23 にチェック項目を挙げますので、チェックしてみてください。

表4-23：「間違い探しゲーム」のチェック項目

「間違い探しゲーム」の特徴	実行したときの画面	コメント	チェック結果
最初は何も表示されていない		・正解の文字を示す TextBox コントロールと、秒数を示す TextBox コントロールの値が空白 ・25個のボタンの値が空白	OK?

---

* **インスタンス**　　クラスを元に複製したもので、実際に処理を行ったり、データ（値）を設定・変更したりするもの。詳しくは、6.3 節「クラス、インスタンス」で後述。

[スタート] ボタンで開始し、間違いの文字24個と正解の文字が1つある		・正解の文字を示すTextBoxコントロールに「荻」が表示される ・画面下部に間違いの文字「萩」が24個ある ・画面下部に正解の文字「荻」が1個ある	OK?
発見するまでの秒数をリアルに表示する	記録： 1.16 秒	秒数を示すTextBoxコントロールの値に、小数2桁の秒数がリアルタイムで表示される	OK?
正解の文字の場所はランダムに表示される（毎回違う位置）		何度か [スタート] ボタンをクリックすると、そのたびに異なる位置に正解の「荻」がある	OK?
正解の文字をクリックするとタイマーが止まる		タイマーが止まった	OK?
間違った文字をクリックすると10秒加算される		タイマーの値が10秒加算された	OK?
間違った文字をクリックしてもタイマーは止まらない		タイマーが止まっていない。値を更新し続けている	OK?

いかがでしたか？　イベントハンドラーを同じものでまとめて、ループ文を使うことで非常にシンプルな

コードになりましたね。

練習 1

正解の文字を「崎」、間違いの文字を「﨑」（右上が「大」ではなく、「立」になっています）にしてみてください（もう一人の作者の宮崎さんにちなんでいます）。

練習 2

画面下部のButtonコントロールを6×6の36個に変更してください。その際、Buttonコントロールの(Name)プロパティの値が、Button1〜Button36になっていることを確認して実行してください。また、コードの変更が不要なことも確認してください。

✐ まとめ

- ◉ 複数のコントロールのイベントハンドラーを同じ名前にすることができる。
- ◉ 上記の設定をしたコントロールは、どのコントロールのイベントが発生しても同じ名前で登録したイベントハンドラーが呼ばれる。
- ◉ コントロールをまとめるPanelコントロールを利用すると、コードが楽になる。
- ◉ 同じ処理を繰り返す場合、Forループ文を使うとコードがスッキリする。

Column 高解像度ディスプレイをお使いの場合

高解像度ディスプレイをお使いの方で、OSのディスプレイの設定を、例えば150%などに設定している状態で、テキストと同じサイズ設定で学習したい方向けの情報です。
OSのディスプレイ設定は、次の画面のようになっているかと思われます。

　この状況で新規でプロジェクトを作成した場合に、デザイン画面の上に「メインディスプレイのスケーリングが150%に設定されています。アプリケーションの実行時にレイアウトの不一致が発生る可能性があります。」というインフォメーションメッセージが表示されます。

　このまま作業すると、各コントロールサイズも1.5倍になり、本書のキャプチャ画面と違和感を感じてしまうこともあるかと思われます。例えば、本書のForm1のSizeプロパティの値が「400,100」でも、VS Community 2022の値が「600,150」（1.5倍になる）のような場合です。
　この状態を解消する場合の対策としては、プロジェクトのプロパティで、アプリケーションのアプリケーションフレームワークにある［高DPIモード］の設定ドロップダウンリストの項目から、［DPI非対応 - スケーリングなし。スケーリングは100%であると仮定します。］を選択します。

　このように高DPIモードの設定を調整することで対応可能になります。

復習ドリル

4つのアプリケーションを作ったChapter4の理解を深めるためにドリルを用意しました

●ドリルにチャレンジ！

以下の**1**～**22**までの空白部分を埋めてください。

1 以下は、アプリケーションの作成の流れです。

手順❶　完成イメージを [＿＿＿＿＿] に描いて、画面に対する [＿＿＿＿＿] を書いてみる。

手順❷　VS Community 2022で、手順❶の絵のように [＿＿＿＿＿] を作成する。

手順❸　画面の [＿＿＿＿＿] を設定する。

手順❹　[＿＿＿＿＿] を書く。

手順❺　動かしてみる。

手順❻　[＿＿＿＿＿] する。

2 VS Community 2022で、新しくWindowsフォームアプリを作成するには、［ファイル］メニューから [＿＿＿＿＿] を選び、［新しいプロジェクト］ダイアログボックスのテンプレートから [＿＿＿＿＿] を選ぶ。

3 時間を数えるために使うコントロールは、[＿＿＿＿＿] コントロールを使うとよい。このコントロールで、1秒おきにイベントを発生させたい場合は、Intervalプロパティの値を [＿＿＿＿＿] にする。

4 以下は、タイマーをスタートさせるコードです。

```
TimerControl.[＿＿＿＿＿]()
```

5 以下は、タイマーを終了させるコードです。

```
TimerControl.[＿＿＿＿＿]()
```

6 背景色を設定するコントロールは、ツールボックスのダイアログを展開した中にある [＿＿＿＿＿] コントロールを使う。

7 TextBoxコントロールを複数行表示させるには、TextBoxコントロールの [＿＿＿＿＿] プロパ

ティを「True」に設定する。

⑧Windowsフォームの外観を変えて付箋紙のようにしたい場合、▢▢▢▢▢▢プロパティを「None」に設定する。

⑨Windowsフォームを半透明にしたい場合、▢▢▢▢▢▢プロパティを60〜75%くらいに設定する。

⑩Windowsフォームを常に一番前に表示したい場合、▢▢▢▢▢▢プロパティを「True」に設定する。

⑪キーボードから文字を入力した場合に発生するイベントは、▢▢▢▢▢▢イベント。

⑫マウスをクリックした場合に発生するイベントは、▢▢▢▢▢▢イベント。

⑬マウスを移動した場合に発生するイベントは、▢▢▢▢▢▢イベント。

⑭マウスをダブルクリックした場合に発生するイベントは、▢▢▢▢▢▢イベント。

⑮次のコードは、KeyDownイベントで、押されたキーが［Esc］キーかどうかを判断するIf文のサンプルコードです。

```
If  (e.KeyCode = ▢▢▢▢) Then
End If
```

⑯次のコードは、MouseDownイベントで、押されたボタンがマウスの左ボタンかどうかを判断するIf文のサンプルコードです。

```
If (e.Button = ▢▢▢▢) Then
End If
```

⑰次のコードは、色の設定ダイアログを表示するサンプルコードです。

```
ColorDialogFusen.▢▢▢▢ ()
```

⑱次のコードは、テキストボックスの背景色を色の設定ダイアログで選んだ色に設定するサンプルコードです。

```
TextFusenMemo.BackColor = ColorDialogFusen.▢▢▢▢
```

⑲「C:¥VB2022_Application¥Chapter4-2」に保存した、Fusenアプリケーションの本体（.exeファイル）は、「C:¥VB2022_Application¥Chapter4-2¥Fusen¥▢▢▢▢¥Fusen.exe」にある。

⑳日付を設定したい場合に便利なコントロールは、▢▢▢▢と▢▢▢▢の2つがあり、用途により使い分ける。

21 VS Community 2022 では、コード以外の物を管理する場合、□□□□□□□□として管理することができる。

22 次のコードは、splitContainer1 の Panel2 上に配置されているボタンコントロールの Text をすべて同じ文字に設定するループ文です。

```
' Button の Text をすべて間違いの文字にする
Dim mistakeText As String = "萩"
For i As Integer = 0 To _____
    SplitContainer1.Panel2.Controls _____ .Text = mistakeText
Next
```

アプリケーションの作成の流れはわかったかな？

Chapter **5**

デバッグモードで
動作を確認する

このChapter5では、デバッグの方法について解説します。自
分で書いたプログラムが正しく動作しているかをきちんと確認
できること、それが統合開発環境を使う理由の1つです。

 ## このChapterの目標

☑ ブレークポイントを理解する。

☑ ステップ実行を理解する。

☑ ウォッチウィンドウが使えるようになる。

☑ エディットコンティニュを理解する。

☑ ホットリロードを理解する。

ブレークポイントの設定

アプリケーションを作っていると、思った通りに動作しないことがあります。こういった場合に便利な機能がデバッグ機能です。本節ではデバッグ機能の基本的な使い方を解説します。まずは、デバッグ機能を使って、操作に慣れていきましょう。

●ブレークポイントって何だろう？

　Chapter4でアプリケーションを実際に作成してみましたが、うまく動作したでしょうか？　もしかすると、うまく動作しなかった部分もあるかもしれません。

　本書のように、アプリケーションに少しずつ処理を追加していく場合、途中で動作がおかしくなったら、新しく追加した処理に不具合があることがわかります。

　このように、プログラムのある部分の処理が正しく行われているか、誤っているかを確認するためには、**デバッグ機能**の**ブレークポイント**を使います。

　ブレークポイントは、アプリケーションの実行中に特定の場所で一時的にアプリケーションを止めて、**変数**や**式**などの値を確認したい場合に使う機能です。また、アプリケーションの停止中に、変数や式などの値を任意に変更し、残りの処理を実行させることもできるようになっています。

　このブレークポイントの機能により、アプリケーションを実行した結果、どのようにおかしな動作をしているのかを確認することができます。

●ブレークポイントを使って動作を確認する

　それでは、実際にブレークポイントを使ってみましょう。

　まずは、ブレークポイントを設定して、アプリケーションの実行時に動作が一時停止する様子を見ます。Chapter4で作った「今日の占い」アプリケーションの「Form1.vb」を Visual Studio Community 2022（本章では、これ以降、VS Community 2022 と略します）で開き、[占う] ボタンをダブルクリックして、ButtonUranaiStart_Click() イベントハンドラー*の部分を見てください。

　このエディターの部分の左側に**グレーの縦長の領域**が確認できると思います。

　例えば、「Select Case dateNumber Mod 5」の行の左側のグレー部分をクリックしてみてください。すると次の画面のように、**赤い丸印**（グリフ）が表示されることがわかると思います。これが、ブレークポイントとなります。

　なお、ブレークポイントは、[F9] キーを押しても設定できます。

＊**イベントハンドラー**　　プログラムにおいて、何かのきっかけ（イベント）が発生したときに、実際に呼ばれる処理のこと。
　　　　　　　　　　　　詳しくは、6.2節「プロパティ、メソッド、イベント、イベントハンドラー」で後述。

クリックすると、赤い丸印が
表示されます

💡ヒント 間違って、違う行にブレークポイントを設定して
しまった場合、赤い丸印をクリックするとキャン
セルできます。ブレークポイントを設定した行で
[F9] キーを押しても、ブレークポイントをキャ
ンセルできます。

中級編
Chapter
5

続いて [デバッグ] メニューから [▶デバッグの開始] を選択するか、あるいはツールバー上の緑の三角形
の [▶ Uranai] ボタンをクリックしてください。「今日の占い」アプリケーションが起動します。

[▶ Uranai] ボタン
をクリックします

「今日の占い」アプリケーションが起動します

今日の日付で「2023年3月2日」を選択し、[占う] ボタンをクリックしてください。すると、占い結果が表示されずに、VS Community 2022の画面が表示され、下記のような状態になります。

黄色い矢印が表示されます

先ほどのブレークポイントの部分には、**黄色い矢印**が表示されています。このとき、「今日の占い」アプリケーションは、占い結果を表示する直前で一時的に動作が停止している状態となっています。

この状態で、例えば、変数dateNumberの部分にマウスカーソルを合わせてみてください。すると、マウスカーソルの近くに**DataTips**と呼ばれる小さなウィンドウが開き、「dateNumber 61」と表示されます。

変数dateNumberには、年間累積日が代入されています。3月2日は、1月1日から数えて61日経過しているので、61という数字になっています。念のために検算してみると、

```
1月  2月  3月
31 + 28 + 2 = 61
```

ですね。

変数にマウスカーソルを合わせると、代入されている値が表示されます

このようにブレークポイントを使うと、アプリケーションの実行時に任意の場所で一時的に停止し、そのときの変数や式などの値を確認することができます。

また、DataTipsに表示された変数や式などの値を、そのままここで変更することも可能です。

例として、Select～Case文による条件分岐が正しく実行されるかを確認してみましょう。変数dateNumberを5で割って、その余りが0～4以外になることはありえませんが、変数dateNumberを想定外の値「-1」に設定して、アプリケーションの動作を確認します。

この部分で変数dateNumberの値を直接「-1」に変更できます

では、ブレークポイントで変数の値が本当に変更されたかどうかを確認してみましょう。

［続行］ボタンをクリックすると、後続の処理が実行されます

すると、変数dateNumberが「-1」の場合の条件分岐が実行されます。変数dateNumberが0〜4以外の場合、**Select〜Case文**による条件分岐は、次の**Case Else文**を処理します。

```
Case Else ' ここに到達することがあれば条件のミス
    PictureBoxResult.Image = Nothing
```

Case Else文の結果として、表示する「Image（画像データ）」には**Nothing**（ナッシング ＝ 何もない）という値が指定されています。そのため、条件分岐が正しく実行されると、画像データが何も表示されないという結果が予想されます。

また、詳しい結果のTextResult.Textにも値を設定していないため、下のエリアには文字が一切表示されないことが予想されます。それでは、実行結果を確認してみましょう。

画像データが表示されず、下のエリアにも詳しい結果が示されないことが確認できます

---

* **メソッド**　　プログラムの「処理」にあたる部分。詳しくは、6.3節「プロパティ、メソッド、イベント、イベントハンドラー」で後述。

まとめ

- ◉ アプリケーションを修復する機能全般を「デバッグ機能」と呼び、一時停止する場所（赤丸を付けた場所）を「ブレークポイント」という。
- ◉ アプリケーションの動作がおかしい場合には、一時的に動作を止めて、変数や式などの値を確認したり、その値を変更したりして、その後の処理を継続することができる。

用語のまとめ

用語	意味
デバッグ機能	アプリケーションの動作を一時的に停止し、変数や式などの値を確認したり、変更して続きを実行することにより、アプリケーションの不具合を解決する手助けをしてくれる機能のこと
ブレークポイント	デバッグ機能において、アプリケーションの動作を一時的に停止することを指定した場所

中級編
Chapter
5

Column コントロールの選び方

　入力するデータによって、コントロールを使い分けることはプログラミングの基本ですが、それでは、そのコントロールをどう選べばよいのでしょうか？

　まずは、標準のコントロールを試してみることです。コントロールは画面に貼り付けただけで、基本的な動作を行います。このため、まず貼り付けた状態で実行してみて、それから動作を確認してみるとよいでしょう。

　また、より複雑な動作を求める場合には、インターネット上で多くのコントロールが公開されているので、それを使うのも1つの方法です。さらに、高度な動作を求める場合には有償になりますが、サードパーティのコントロールを使う方法もあります。

ステップ実行の活用

デバッグ時におかしな動作をする部分を発見したものの、はっきりとした場所がわからない場合に、1行ずつ実行して動作を確認することができます。この機能を「ステップ実行」と呼びます。

●ステップ実行って何だろう？

　アプリケーションの実行中におかしなデータが表示されるなど、動作が不安定になった場合、**ブレークポイント**で変数や式などの値を確認して、どの場所で間違った処理が行われているかを確認できます。

　しかし、ループ処理や条件分岐などの不具合を見つけるために、ブレークポイントを使って変数の値を逐次確認しながら、処理を確認していくのは大変です。

　このような場合に利用するのが**ステップ実行**という機能です。ステップ実行は、ブレークポイントで一時的に停止しているアプリケーションのコードを1行ずつ実行していく機能です。

●ステップ実行を使って動作を確認する

　では、実際にステップ実行の機能を見ていきましょう。

　先ほどと同じ位置にブレークポイントを設定した状態で、「今日の占い」アプリケーションのデバッグを実行してください。今日の日付で「2023年3月2日」を選択し、[占う]ボタンをクリックします。

　すると、先ほどと同じ状態で、一時的にアプリケーションが停止します。

ここで注目してほしいのが、画面右上の四角で囲んだ部分です。以下に拡大してみました。

左から[ステップイン]ボタン、[ステップオーバー]ボタン、[ステップアウト]ボタンです。これらのボタンをクリックすることにより、アプリケーションを少しずつ実行することができます。

3つのボタンの動作は、それぞれ下の表5-1のようになります。

表5-1：ステップインボタン、ステップオーバーボタン、ステップアウトボタンの動作

ボタン名	動作
ステップイン	自分で作ったメソッド（関数）を呼び出している部分では、メソッドの中の処理に黄色の矢印が移動します。それ以外の場合では、次の行に黄色の矢印が移動します
ステップオーバー	次の行に黄色の矢印が移動します
ステップアウト	あるメソッド（関数）の残りの処理を実行した後、黄色の矢印がメソッドの呼び出し元で一時停止します

実際に[ステップオーバー]ボタンを1回クリックすると、以下のように実行が1行進みます。

> ヒント　1行だけ進んだはずなのに、ずいぶん先に進んだように見えますね。なぜでしょうか？そのあたりを次のページで解説します。

最初、以下の行でアプリケーションが一時的に停止していました。

```
Select Case dateNumber Mod 5
```

　この分岐先は、変数dateNumberを5で割った余りを示す値になります。現在、変数dateNumberの値が64なので、「64÷5=12、余り4」となり、黄色い矢印は、分岐先となる「Case 4」の行に移動したのです。

　TextResult.Textの値を取得したい場合など、イコールの左辺の値を取得するには、現時点で実行している黄色い矢印の行の次の行を実行することで、その値を取得できます。

まとめ

◉ アプリケーションを一時的に停止させて、変数や式の値を確認しただけでは問題がはっきりしない場合、ステップ実行で1行ずつ徐々に実行させることにより、問題点を発見することができる。

❖用語のまとめ

用語	意味
ステップ実行	ブレークポイントで一時的に停止しているアプリケーションを一気に再開するのではなく、1行ずつ徐々に実行していく機能

Column 共通言語ランタイム（CLR）

　Visual C#、Visual Basic、C++/CLIなどの.NETに対応したプログラミング言語で書かれたプログラムは、コンピューターに分かる言葉に翻訳した際、それぞれのプログラミング言語に依存せずに動作する仕組みが備わっています。

　この動作させる仕組みのことをランタイムと呼び、そのランタイムが様々なプログラミング言語に共通したものであることから、共通言語ランタイムという名前が付いています。英語では、CLR（CommonLanguage Runtime）と言います。

ウォッチウィンドウの活用

3

ここまでアプリケーションを一時的に停止し、変数や式などの値や内容を確認する方法を見てきましたが、ループ処理などで、ある変数の値を定期的に確認したい状況があります。このような場合には、「ウォッチウィンドウ」を利用します。

●ウォッチウィンドウって何だろう？

　アプリケーションを実行したときの変数の値を確認したい場合、コード上の変数にマウスカーソルを合わせると、DataTipsにその値が表示されるので、簡単に変数の値を確認できました。

　しかし、多件分岐やループ処理など、1回の処理で変数の値が何度も変わる場合や、実行すると値が変わるような場合、毎回変化する変数の値を確認するには、どうすればいいでしょうか？　ステップ実行を行いながら、コード上の変数に毎回マウスカーソルを合わせても確認できますが、操作がとても複雑で面倒になります。

　こういった場合に利用できる機能が、**ウォッチウィンドウ**です。ウォッチウィンドウは、画面下の通知領域に表示され、変数や式などを評価し、同じ変数や式の値の変化を記録します。

　また、ウォッチウィンドウにコード上の変数や式をドラッグして追加することもできます。ウォッチウィンドウに、任意の変数や式を登録すると、ステップ実行などで、実行された結果としての値がどう変更していくかがリアルタイムで表示されます。

●ウォッチウィンドウを使って動作を確認する

　では、実際にウォッチウィンドウの機能を見ていきましょう。

　先ほどと同じ位置にブレークポイントを設定した状態で、デバッグを実行します。「今日の占い」アプリケーションが起動するので、[占う] ボタンをクリックすると、先ほどと同じ状態で一時的にアプリケーションが停止します。

　ここでも変数dateNumberの値を観察してみましょう。

　まず、エディター上のdateNumberを右クリックし、コンテキストメニューから [ウォッチの追加] を選択します。

1 変数dateNumberを右クリックして、コンテキストメニューを表示します

2 [ウォッチの追加] を選択します

すると、ウォッチウィンドウがポップアップウィンドウとして別ウィンドウに表示されます。

ウォッチウィンドウが表示されます

ヒント 似たようなタブがある場合は、[ウォッチ] というタブで区別しましょう。

ウォッチウィンドウに変数や式を登録することもできます。ウォッチウィンドウに変数や式を登録すると、ステップ実行などで実行された結果として、変数や式の値がリアルタイムで表示されます。

ウォッチウィンドウに任意の変数を登録するには、コード上の追加したい変数を範囲選択し、ウォッチウィンドウにドラッグ&ドロップで追加します。

追加したい変数をウォッチウィンドウにドラッグ＆ドロップします

　このように、ウォッチウィンドウを使うことで、変数の値がどう変更されていくか、さらにはどの場所で値が変な値になっているのかを確認できます。

　なお、ウォッチウィンドウに登録された変数や式は、デバッグが終わってもそのまま残っています。そのため、次回の実行時に今日の日付を「2023年3月4日」に変更し、同じように操作すると、Select～Case文の分岐先が「Case 3」になり、ウォッチウィンドウのTextResult.Textの値が「なかなかエラーが修正できないかも」に変わっていることが確認できます。

dateNumberの値とTextResult.Textの値が変化しています

●クイックウォッチを使って動作を確認する

また、値を詳しく見ることができる**クイックウォッチ**という機能も便利です。

クイックウォッチを利用するには、まず値を表示したい変数や式を右クリックし、コンテキストメニューから [クイックウォッチ] を選択します。

❶ 変 数dateNumberを右クリックして、コンテキストメニューを表示します

❷ ［クイックウォッチ］を選択します

するとクイックウォッチウィンドウが表示され、値の詳細を確認できます。

変数や式の値を確認できます

ドット区切りが多く、階層が深いメソッドやプロパティの値を調べる際に便利です。
クイックウォッチウィンドウやウォッチウィンドウでもインテリセンスが使えます。

クイックウォッチでも
インテリセンスが使え
ます

　この機能を利用して様々なプロパティの値を観察すると、いろいろな発見があり、コードを書く力も養われます。

●データヒントを使って動作を確認する

ウォッチウィンドウよりも、手軽にデータを観察できる**データヒント**という機能も便利です。

この機能は、集中して観察したい変数や式を、付箋紙のようにコード上に貼り付けて、コメントも付けて確認できる機能です。デバッグを一度終了しても、次に実行するときには、そのままの状態で使用できます。

では、このデータヒントの機能を見てみましょう。

デバッグを開始して、変数dateNumberの値が見られる状態にしてください。今日の日付は「2023年3月4日」を選んでください（この操作がわからない方は、以前の解説をもう一度復習してください）。

Select〜Case文にブレークポイントを設定した後、デバッグを実行して、dateNumberの値を見ている状態です

変数dateNumberの値を表示している**DataTips**の右にピンのアイコン ⬜ があるので、クリックしてください。

そうすると、次のようにDataTipがコード上に固定されます。

固定されたDataTip

この固定したDataTipのことを**データヒント**と言います。データヒントにカーソルを近づけると、さらにアイコンが表示されます。

データヒントのアイコン

データヒントに表示されているアイコンの意味は、次の表5-2のようになります。

表5-2：データヒントのアイコン

アイコン	説明	詳細
✕	閉じる	データヒントを閉じる
⚐	ソースをピン解除	データヒントの位置を自由に動かせるようにします
≫	展開してコメントを表示	データヒントを展開して専用のコメントを入力します

コメントを入力するには、［展開してコメントを表示］アイコン｜≫｜をクリックして空白の部分にそのままコメントを入力します。

なお、ソースをピン解除した状態だと、ポップアップ表示されているだけなので、VS Community 2022の画面を移動させたり、表示画面をデザイン画面に切り替えるなどしても、データヒントは、そのままポップアップ表示されてしまいます。そのため、ピンをクリックして固定した状態にしましょう。

データヒントは、複数設定できます。データヒントを2つ設定してコメントを入力すると、次のようになります。

●ビジュアライザーを使って動作を確認する

VS Community 2022の目玉機能の1つに、**ビジュアライザー**があります。ビジュアライザーは、変数や式の形式に応じて、データを表やテキストなどの最適な方法で見ることができる機能です。

この機能を堪能するために、「間違い探しゲーム」アプリケーション（KanjiDifferenceHunt）のデータを表示させてみます。ここでは、「このような機能があるのだな」という気持ちで見てください。

4.4節で作成した「間違い探しゲーム」アプリケーションを利用するために、VS Community 2022でソリューションファイルの「KanjiDifferenceHunt.sln」を読み込み、アプリケーションを起動します。「Form1.vb」（一覧画面）のコードの中のButtonStart_Click()イベントハンドラーの以下の行に注目してください。

なお、タスクバーにあるVS Community 2022のアイコンを右クリックすると、過去に作成したソリューションが一覧表示されるので、楽に起動できます

次のコードは、Panel2の上に配置されているコントロールのすべてのTextプロパティに、Forループ文でmistakeTextとして「萩（はぎ）」という文字を設定した後、ランダムで1つだけ正解となるcorrectTextの「荻（おぎ）」という文字を設定している処理です。

```
' SplitContainerの下部のPanel2に乗っている
' ButtonのTextをすべて間違いの文字にする
For i As Integer = 0 To SplitContainer1.Panel2.Controls.Count - 1
    SplitContainer1.Panel2.Controls(i).Text = mistakeText
Next
' ランダムで1つだけ正解の文字にする。
SplitContainer1.Panel2.Controls(randomResult).Text = correctText
```

correctTextを代入している箇所にブレークポイントを設定して、実際に25個すべてのコントロールのTextが「萩（はぎ）」に設定されていることを確認してみましょう。

```vb
15              ' スタートボタンをクリックしたとき
          1 個の参照
16    □     Private Sub ButtonStart_Click(sender As Object,
17              TextHunt.Text = correctText    ' 探す文字を表
18              Dim Rnd As Random = New Random() ' 乱数を生成
19              Dim randomResult As Integer = Rnd.Next(25) '
20              ' SplitContainerの下部のPanel2に乗っている
21              ' ButtonのTextをすべて間違いの文字にする
22    □        For i As Integer = 0 To SplitContainer1.Pane
23                  SplitContainer1.Panel2.Controls(i).Text
24              Next
25              ' ランダムで1つだけ正解の文字に
26              SplitContainer1.Panel2.Controls
27              ' タイマースタート
28              nowTime = 0 ' タイマーの初期化
29              Timer1.Start()
30          End Sub
```

この行にブレークポイント
を設定します

Controlsの値を確認してみましょう。SplitContainer1.Panel2.Controlsを選択し、クイックウォッチで値を見ます。

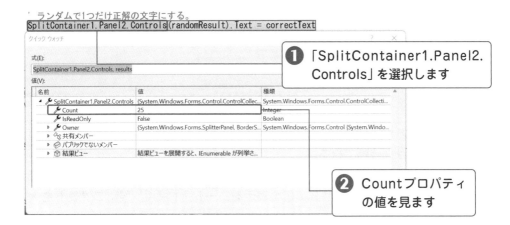

```
' ランダムで1つだけ正解の文字にする。
SplitContainer1.Panel2.Controls(randomResult).Text = correctText
```

クイック ウォッチ

式(E):
SplitContainer1.Panel2.Controls, results

値(V):

名前	値	種類
▷ SplitContainer1.Panel2.Controls	{System.Windows.Forms.Control.ControlCollec...	System.Windows.Forms.Control.ControlCollecti...
🔧 Count	25	Integer
🔧 IsReadOnly	False	Boolean
▷ 🔧 Owner	{System.Windows.Forms.SplitterPanel, BorderS...	System.Windows.Forms.Control {System.Windo...
▷ ⚙ 共有メンバー		
▷ ⚙ パブリックでないメンバー		
▷ 🔍 結果ビュー	結果ビューを展開すると、IEnumerable が列挙さ...	

❶「SplitContainer1.Panel2.
Controls」を選択します

❷ Countプロパティ
の値を見ます

Countプロパティの値が25となっており、25個のコントロールがあることがわかります。コントロールの値は、さらに[結果ビュー]を展開すると、まとめてみることができます。

クイック ウォッチ

式(E):

SplitContainer1.Panel2.Controls, results

① 結果ビューを展開します

値(V):

名前	値	種類
▲ ⬡ 結果ビュー	結果ビューを展開すると、IEnumerable が列挙さ...	
▶ ⬡ (0)	{Text = "萩"}	Object {System.Windows.Forms.Button}
▶ ⬡ (1)	{Text = "萩"}	Object {System.Windows.Forms.Button}
▶ ⬡ (2)	{Text = "萩"}	Object {System.Windows.Forms.Button}
▶ ⬡ (3)	{Text = "萩"}	Object {System.Windows.Forms.Button}
▶ ⬡ (4)	{Text = "萩"}	Object {System.Windows.Forms.Button}
▶ ⬡ (5)	{Text = "萩"}	Object {System.Windows.Forms.Button}
▶ ⬡ (6)	{Text = "萩"}	Object {System.Windows.Forms.Button}
▶ ⬡ (7)	{Text = "萩"}	
▶ ⬡ (8)	{Text = "萩"}	

② 複数の値が表示されます

閉じる

　Controls()は、複数の変数を1つにまとめてグループ化した**配列***と呼ばれるもので、その値も複数個が含まれます。このようにビジュアライザーを使うと、配列のすべての値を一度に見ることができますね（一度に表示できる値には限りがあるので、スクロールすることですべての値を確認できます）。

まとめ

◉ ウォッチウィンドウを使うと、アプリケーションを実行したときに、変数や式の値がどう変化していくかを確認できる。

◉ クイックウォッチを使うと、変数や式の値を別のウィンドウでまとめて確認できる。

◉ データヒントを使うと、変数や式の値の表示をコード上に固定でき、コメントを入力することもできる。

◉ ビジュアライザーを使うと、変数や式の形式に応じて、表やテキストなどでデータを確認できる。

∷用語のまとめ

用語	意味
ウォッチウィンドウ	変数や式の値の変化を観察しやすいように、同じ値を表示し続けることが可能なウィンドウ。任意の変数や式を追加することもできる

* **配列**　複数の変数をまとめて扱いたい場合に使用する仕組み。7.1 節を参照。

エディットコンティニュの活用

デバッグ機能を使って問題のあるコードが見つかったら、すぐに修正して動作を確認したくなりますね。このときに使える機能が「エディットコンティニュ」です。

●エディットコンティニュって何だろう？

　ここまでは、アプリケーションの動作がおかしいときに、どのような問題点があるのかを調べる方法について見てきました。問題点が見つかれば、後はその問題点を修正し、再度デバッグを実行して動作を確認すれば、アプリケーションは正しく動作するようになります。

　ただし、問題点が見つかったときに、デバッグを終了してから問題点を修正し、再度デバッグを実行すると特に性能の悪いパソコンでは時間がかかってしまいます。

　ちょっとした修正で直る場合は、デバッグ実行中にそのまま修正できてしまえるととても便利です。これを実現する機能が**エディットコンティニュ**です。

●エディットコンティニュでコードを修正する

　それでは、実際に「今日の占い」アプリケーションを使ってエディットコンティニュの機能を見ていきましょう。まず、実行する前に、コードに細工をします。もともと「Case 0」と書いてあるコードを「Case 10」に変更します。

```
Case 0 ' 大吉
```

⬇

```
Case 10 ' 大吉
```

ちなみに修正した箇所の行の先頭には、ドライバーのアイコンとともにやや黄色い印が表示されます。

```
5       Select Case dateNumb
6  🪛 |     Case 10 '  大吉    やや黄色い印が表示されます
```

「Case 0」が存在しない不思議な状況になっています。この状態でいったん、プログラムを保存します。

プログラムの保存方法は、VS Community 2022の［ファイル］メニュー→［すべて保存］でしたね（［Ctrl］キー＋［Shift］キー＋［S］キーでも保存できます）。

保存すると、先ほどのやや黄色い印が緑色に変化します。保存されて安全になったイメージです。コードを変更したときの、やや黄色い印の状況では保存されていないため、VS Community 2022が落ちたりしたときには、この修正は保存されていません。「危険！」という意味だと思うとよいですね。

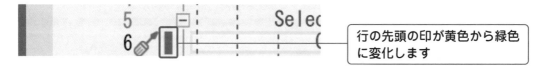

行の先頭の印が黄色から緑色に変化します

条件分岐を行うための条件式、

```
Select Case dateNumber Mod 5
```

にブレークポイントを設定した状態で、アプリケーションのデバッグを実行します。

「今日の占い」アプリケーションが起動するので、今日の日付を「2023年3月1日」にして［占う］ボタンをクリックしてください（2023年3月1日は、1月1日から数えて60日目となり、5で割り切れるため、余りは0になります）。

［占う］ボタンをクリックすると、次のような状態になります。

ブレークポイントを設定した行で一時停止します

ステップ実行の［ステップオーバー］ボタンをクリックして、次に実行する行を見てみると、「Case 0」がないために「Case Else」の次の行に移動することがわかります。

前述したように、おかしいコードをデバッグの実行中に見つけた場合、その都度、デバッグを終わらせてから修正し、改めてデバッグを実行すると時間がかかってしまい、大変面倒です。

このような場合、VS Community 2022では**エディットコンティニュ**を使って、一時停止中にそのままコードを修正することができます。「Edit（修正して）」「Continue（実行を続ける）」という意味です。

コードを修正したら、そのままデバッグを再開します。

それではデバッグの実行前に変更した箇所を、一時停止の状態のまま、修正してみましょう。「Case 10 ' 大吉」を「Case 0 ' 大吉」に修正します。

コードの修正後、継続してそのままデバッグを実行できますが、すでに条件判定が終わっているため、条件判定前に戻しましょう。

黄色い矢印（➡）は、現在実行中の行を指しているのですが、この現在実行中の行をマウスの操作で移動させることができます。

条件判定が行われるブレークポイントの位置まで黄色い矢印を移動してください。

中級編
Chapter
5

この状態になったら、[ステップオーバー] ボタンをクリックして次の行を実行してみましょう。
すると今度は、修正した「Case 0」の行が実行されることが確認できますね。

　このエディットコンティニュの機能は非常に便利ですので、ぜひ覚えておいて使いこなしてください。な
お、別のメソッドに移動するような無茶なことは基本的にできませんので、ほどほどに検証してみてくださ
い。

まとめ

◉ エディットコンティニュにより、デバッグ実行中に見つけた問題点は、デバッグ実行を行った状態のまま修正することができる。

::用語のまとめ

用語	意味
エディットコンティニュ	デバッグ実行を行った状態のままコードを修正し、デバッグを続ける機能のこと

Column **コード入力中や編集時に使えるショートカットキー**

　コード入力中や編集時にコードエディター内で使える主なショートカットキーには、次のようなものがあります。

▼コードエディター内での検索と置換

コマンド	ショートカットキー
クイック検索	[Ctrl] + [F] キー
クイック検索の次の結果	[Enter] キー
クイック検索の前の結果	[Shift] + [Enter] キー
クイック検索でドロップダウンを展開	[Alt] + [Down] キー
検索を消去	[Esc] キー
クイック置換	[Ctrl] + [H] キー
クイック置換で次を置換	[Alt] + [R] キー
クイック置換ですべて置換	[Alt] + [A] キー

ホットリロードの活用

Visual Studio 2022 からできるようになった新機能に「ホットリロード」という機能があります。今までのように修正→ビルド→実行という流れで確認するのではなく、実行中にリアルタイムで結果が確認できるという機能になります。

●ホットリロードって何だろう？

先ほどのエディットコンティニュは、実行中にブレークポイントなどで一時停止をして、その間に修正ができる機能でしたね。

ホットリロードはその発展形で、ブレークポイントで一時停止をする必要はなく、実行中にコードを変更すると、実行中のアプリケーションの結果に即時に反映されるという機能です。実行中ですので、ファイルに保存もしていません。

●実行中にコードを修正して、ホットリロードを実行してみる

[実行] ボタン（▶）よりも気になる、[ホットリロード] ボタン（🔥）を活用してみましょう。

今回も「今日の占い」アプリケーションを使用します。気持ちも新たに、いったんVS Community 2022を終了させてから、「今日の占い」アプリケーションを起動しましょう。タスクバーからVS Community 2022のアイコンを右クリックし、表示された一覧から「Uranai.sln」を選ぶと、VS Community 2022が起動します。

❷ 表示された一覧から「Uranai.sln」を選びます

❶ VS Community 2022のアイコンを右クリックします

VS Community 2022が起動したら、「今日の占い」アプリケーションを実行してみましょう。

[▶ Uranai] ボタンをクリックして実行します

「今日の占い」アプリケーションの [今日の日付] を「2023年3月1日」にして、[占う] ボタンをクリックして、実行結果を確認しましょう。

日付を「2023年3月1日」にします

[占う] ボタンをクリックします

実行したままの状態でVS Community 2022から「Form1.vb」のコードを表示します。

2023年3月1日は、結果として Case 0の処理が実行されるため、以下のコードが実行されます。

> TextResult.Text = "思ったことがコードにかけてものすごいアプリがつくれるかも！！"

このコードを書き替えます。簡単に結果を確認するために、行の最後に「！」を2つ追加します。

> TextResult.Text = "思ったことがコードにかけてものすごいアプリがつくれるかも！！！！"

まだ、この時点では変化していません。

そこで［ホットリロード］ボタンをクリックした後、［占い］ボタンをクリックしてください。

　このホットリロード機能を使うと、実行結果を見ながら修正ができるようになるので、デバッグの効率が
かなり上がります。

　なお、実行を停止した状態でも、まだコードは保存されていません。修正を反映したい場合は、ショート
カットキーの［Ctrl］＋［S］キーなどを使ってコードの修正を保存してください。

保存すると、行の先頭の印が緑
色になりますね

中級編
Chapter
5

✎ **まとめ**

- ⦿ ホットリロードにより、実行中にソースコードの変更がリアルタイムに反映すること
  ができる。実行したときに気づいたミスを手軽に修正することができる。

⸬用語のまとめ

用語	意味
ホットリロード	実行中にコードの修正結果をリアルタイムに反映できる機能のこと

スクロールバーの活用

6

最後にVS Community 2022の面白い機能を紹介します。

●便利になったスクロールバー

　ソースコードが巨大になった場合、**スクロールバー**を使ってソースコードを上下に移動することがよくあると思います。このスクロールバーの左側に、黄色や緑色の小さな模様が付いているのに気が付いたでしょうか？

　ちょっと地味ですが、スクロールバーをソースコードの全体になぞらえて、どのあたりの位置に変更があったかを見た目ですぐわかるようにしてあります。

　黄色は変更したソースコードで、まだ保存がされていない部分です。**緑色**は変更したソースコードで、保存済みの部分になります。また、**紫色**の線は現在、カーソルがある位置、つまり今、変更しようとしている部分を示しています。

　コードの左側にも付いていますが、全体像としてどのあたりになるかがわかるため、ソースコードが非常に長くなった場合、かなり便利です。

●スクロールバーオプションでコードを確認する

　さらに、このスクロールバーの面白い機能を紹介します。スクロールバーを右クリックして、［スクロールバーオプション］を選択してください。

スクロールバーを右クリックして、
［スクロールバーオプション］を選
択します

　起動した［オプション］ダイアログボックスの［動作］の項目に注目し、［垂直スクロールバーでのマップモードの使用］を選択してください。さらに、［プレビューツールヒントの表示］にチェックが入っていることを確認し、ソースの概要を［ワイド］に指定してください。

[垂直スクロールバーでのマップ
モードの使用] を選択し、[プレ
ビューツールヒントの表示] を
[ワイド] に設定します

さて、ソースに戻ってみると……おや？　スクロールバーが……！

スクロールバーが太く
なりました

ものすごく太くなって、なんだかごちゃごちゃしています。どういうことかというと、これ、ソースコードがものすごく小さいフォントで表示されているのです。

カーソルを近づけると、そのカーソル付近のソースコードの一部が見えます。

> カーソル付近のソースコードの
> 一部が表示されます

この機能によって、コード全体のどの部分を修正しているかが視覚的にものすごくわかりやすくなりますね。

まとめ

- ◉ スクロールバーオプションを使うと、コードの全体像から、どのあたりを修正しているかが視覚的にものすごくわかりやすくなる。

復習ドリル

いかがでしたでしょうか？　デバッグについての理解を深めるためにドリルを用意しました。

●ドリルにチャレンジ！

以下の**1**〜**7**までの空白部分を埋めてください。

1 デバッグ機能において、アプリケーションの動作を一時的に停止することを指定した場所のことを[　　　　　　]という。

2 上記の場所で一時的に停止しているアプリケーションを一気に再開するのではなく、一行ずつ実行していく機能のことを[　　　　　　]という。

3 デバッグの際、変数や式の値の変化を見やすいように同じ値を表示し続けることができるウィンドウのことを[　　　　　　]という。

4 デバッグの際、集中して観察したい変数や式を、付箋紙のようにコード上に貼り付けて手軽に観察できる機能を[　　　　　　]という。

5 デバッグの際、変数や式の形式に応じて、Textや表などで値をすべて見ることができる機能のことを[　　　　　　]という。

6 デバッグ実行を行った状態のまま、コードを修正し、デバッグを続ける機能のことを[　　　　　　]という。

7 実行したままの状態で、ソースコードの変更を反映できる機能のことを[　　　　　　]という。

ステップオーバーって何だっけ？

復習ドリルの答え
1 ブレークポイント
2 ステップ実行
3 ウォッチウィンドウ
4 データヒント
5 ビジュアライザー
6 エディットアンドコンティニュ
7 ホットリロード

Chapter 6

オブジェクト指向 プログラミングの考え方

Visual Basicは、オブジェクト指向言語です。このChapter6 では、難しい理論よりも「知っておくと便利です」といった視点 からオブジェクト指向プログラミングをやさしく説明します。

 ## このChapterの目標

- ☑ 「オブジェクト指向プログラミングは便利だな」ということが理解 できる。

- ☑ カプセル化、クラス、インスタンス、継承、ポリモーフィズムと いったオブジェクト指向の用語の意味が理解できる。

- ☑ Visual Basicでオブジェクト指向の考え方の実装方法が理解できる。

オブジェクト指向の概要

最初に、ほかのプログラム設計手法と比較しながら、オブジェクト指向の概要をやさしく説明します。

●オブジェクト指向が生まれた背景

オブジェクト指向という言葉をいきなり耳にすると、少しハードルが高いように感じます。

しかし、このオブジェクト指向が**どうして生まれたのか**、また**どういった点が便利なのか**を見ていくと、誰もが使いたくなると思います。まずは、オブジェクト指向がどのような背景から生まれたかを見ていくことにしましょう。

最初のプログラミング言語が生まれた頃は、1人のものすごいプログラマーがいれば、アプリケーションができていました。そして、この時代に「プログラムは順番に実行される」ことから、実行の順番をある程度まとめて大きな塊（かたまり）にする設計手法が生まれました。それが**構造化設計**と言われるものです。

ある程度まとまった単位でプログラマーを割り当てて、アプリケーションを開発できるため、大規模アプリケーションが開発できるようになります。

図6-1：構造化設計のデータ処理

　しかしながら、構造化設計には問題点がありました。ほかのアプリケーションを作る場合、すでに作成したプログラムの再利用が難しかったのです。データはアプリケーション固有のものが多く、処理にも影響が大きかったことがその理由です。

　やがて時代が進み、ハードウェアの容量や処理スピードが劇的に増加するようになります。それに伴って**データベース**も誕生しました。

　アプリケーションはもともとデータを扱うものですから、データに着目した考え方が生まれます。それが**データ中心アプローチ**と言われる設計手法です。これによってデータに関して、見通しの良い設計ができるようになりました。

図6-2：データ中心アプローチのデータ処理

　しかし、処理の部分は依然として変化がありません。処理に関しては、やはりほかのアプリケーションから再利用することが難しいという問題が残りました。

　アプリケーションは結局のところ、**処理**と**データ**の集まりです。そこで、この処理とデータをひとくくりにする考え方が生まれました。処理の手順ではなく、処理の対象に注目したのです。

　この1つのまとまりを**オブジェクト**と言います。このオブジェクトの考え方が人間の発想に近く、処理とデータの集まりを人間が利用する「モノ（＝Object）」になぞらえた考え方ができることから、**オブジェクト指向**と言われます。

図6-3：オブジェクト指向のデータ処理

また、処理とデータを1つのまとまりとして扱うと、ほかのアプリケーションを作る際にも再利用しやすいという利点が生まれました。

それぞれの設計手法のポイントを下の表6-1にまとめます。

表6-1：設計手法の種類と概要

設計手法	ポイント	利点	欠点
構造化設計	処理をまとめたもの	大規模アプリケーションが開発可能	処理の再利用が難しい
データ中心アプローチ	データに着目	見通しの良い設計が可能	処理の再利用が難しい
オブジェクト指向	処理とデータをまとめたもの	処理の再利用がしやすい	用語が難解でハードルが高い

オブジェクト指向には、多様で複雑な部分もあります。そのため、オブジェクト指向を極めたい方は専門の本を読むことをお勧めします。本書では、はじめてプログラムをする人の視点に立って、必要なこと、便利なことを中心に解説していきたいと思います。

まとめ

◉ オブジェクト指向はとっつきにくいが、再利用しやすくなるので知っていると便利。

用語のまとめ

用語	意味
オブジェクト指向	「処理」と「データ」の集まりを人間が利用するモノになぞらえた考え方

2 プロパティ、メソッド、イベント、イベントハンドラー

まずは、オブジェクト指向の中でも、よく使う用語から説明していきましょう。プロパティ、メソッド、イベント、イベントハンドラーの話です。

●プロパティって何だろう？

プロパティは、オブジェクトの中の「データ」にあたる部分です。オブジェクトが持っている、そのオブジェクトの「性質」を表すデータです。

なお、プロパティは正確には、6.4節で説明するカプセル化の概念も含むのですが、現時点では単なるデータだと思っていただいてかまいません。オブジェクト指向の用語では、**属性**とも言います。

図6-4：プロパティの仕組み

●プロパティのサンプルを作成する

難しい話よりも、身近な例を見ていきましょう。プロパティの仕組みを理解するために、簡単なサンプルを作ってみます。まず次の表6-2の設定で、ひな形を作成してください。

表6-2：サンプルソリューションの設定

画面名	キーワード	値、選択した項目
Visual Studio 2022	開始する	新しいプロジェクトの作成
新しいプロジェクトの作成	プロジェクトテンプレート	Windows フォームアプリ [Visual Basic]
新しいプロジェクトを構成	プロジェクト名	ObjectOrientedSamples
	場所	C:¥VB2022_Application¥Chapter6-2
	ソリューション名	（プロジェクト名と同じ）
追加情報	フレームワーク	.NET 7.0（標準用語のサポート）

　ひな形が完成したら、デザイン画面でForm1にLabelコントロールを1つ貼り付けて、「こんにちは」と表示させてみましょう。次のデザイン画面では、Form1に「こんにちは」と表示されています。

　このForm1をVisual Studio Community 2022（本章では、これ以降、VS Community 2022と略します）の**プロパティウィンドウ**で見てみましょう。プロパティウィンドウは、画面に貼り付けた部品の値を設定・変更する領域です。

❶は、「Label1」という名前のオブジェクトの背景色を示すBackColorプロパティで、"White"というデータです

❷は、「Label1」という名前のオブジェクトの前景色を示すForeColorプロパティで、"Red"というデータです

❸は、「Label1」という名前のオブジェクトの表示する文字を示すTextプロパティで、"こんにちは"というデータです

このようにプロパティの値は、デザイン画面の「Label1」オブジェクトのプロパティウィンドウで設定できます。また、次のサンプルコードのように、コード画面（プログラムコード）でも値を設定できます。

なお、Form1_Loadイベントハンドラーは、Formが起動したときに呼ばれるメソッドです。デザイン画面でForm1をダブルクリックすると作成されます。

List 1 サンプルコード（Label1 の設定：Form1.vb）

```
Public Class Form1
    Private Sub Form1_Load(sender As Object, e As EventArgs) Handles MyBase.Load
        Label1.BackColor = Color.White   ' ❶
        Label1.ForeColor = Color.Red     ' ❷
        Label1.Text = "こんにちは"         ' ❸
    End Sub
End Class
```

Tips　デザイン画面とコード画面、どっちで書けばいいの？

❶～❸は、デザイン画面でもコード画面でも表現できます。はじめて表示される場合のデータはデザイン画面で、後から値を変える場合はコード画面を使うとよいでしょう。

上級編
Chapter
6

●メソッドって何だろう？

前述したように、オブジェクトは、「処理」と「データ」からできていますが、その「処理」にあたるものが**メソッド**です。

データを操作する処理は、データとともにオブジェクトの内部にあるため、外部から処理内容を隠せます。また、処理を開始させるには、外部や内部から処理を呼び出します。

図6-5：メソッドの仕組み

　例を見てみましょう。下の例では、[メソッド呼び出し] ボタンをクリックすると、Windowsフォームの「こんにちは」を非表示にした後、新たに「こんにちは」と書かれたメッセージボックスを表示しています。

❶は、「Label1」オブジェクトのHide()メソッドです。Hide() メソッドは、Label1を非表示にする処理を行います

❷は、「MessageBox」オブジェクトのShow() メソッドです。Show() メソッドは、() の中の値をメッセージボックスに表示する処理を行います

コードを見てみましょう。

List 2 サンプルコード（メソッドを呼び出す場合の記述例：Form1.vb）

```
' ボタンがクリックされた時に以下のメソッド呼び出し
Private Sub Button1_Click(sender As Object, e As EventArgs) Handles Button1.Click
    Label1.Hide()                  ' ❶
    MessageBox.Show("こんにちは")    ' ❷
End Sub
```

各コントロールもオブジェクトでできているので、メソッドを持っています。その場合は以下のように、

> コントロール名. メソッド名()

で呼び出すことができます。

また、自分でメソッドを作成することもできます。メソッドの中には、処理を順番に書きます。

List 3 サンプルコード（自分で**MyMethod()**というメソッドを新しく作成する場合の記述例）

```
' 自分で作成したMyMethodを書く例
Public Sub MyMethod()
    ' 処理
End Sub


' 戻り値があるメソッドはFunctionを使います。
' 戻り値はRetuenに記述します。
Public Function MyCalc() As Integer
    ' 処理
    Return 0
End Function
```

●イベントって何だろう？

イベントは、オブジェクトの処理を行うきっかけにあたるものです。

図6-6：イベントの仕組み

「マウスで画面上のボタンをクリックする」「キーボードで特定の文字を入力する」などのきっかけが起こると、対応したメソッドが処理を行います。例を見てみましょう。

ヒント プロパティの [イベント] アイコンをクリックしてイベントを表示します。

❶は、「Button1」オブジェクトをクリックしたときに発生するClickイベントです

❷は、「Button1」オブジェクトをキーボードのキーで押したとき、発生するKeyDownイベントです

なお、イベントは処理のきっかけを表すものですから、プログラムコードがありません。

Tips イベントの一覧表示

VS Community 2022の開発環境では、デザイン画面を表示しているときのプロパティウィンドウで、**プロパティー覧**と**イベントー覧**を簡単に切り替えることができます。

[プロパティ] ボタン

[イベント] ボタン

プロパティには、そのオブジェクトのデータの値を記述します。イベントには、イベントに関連付けたメソッドの名前と、この後に説明するイベントハンドラーを記述します。

●イベントハンドラーって何だろう？

イベントハンドラーは、イベントが発生したときに実際に呼ばれるメソッドのことです。名前はちょっと難しいですが、要するにイベントをハンドルする（Handle：処理する）仕組みだと考えてください。

図6-7：イベントハンドラーの仕組み

VS Community 2022では、イベントとメソッドをイベントハンドラーという仕組みで対応させることによって、ドラッグ＆ドロップで画面開発ができるようになっています。例を見てみましょう。

Button1オブジェクトのClickイベントが発生したとき、呼び出すメソッドが❶のButton1_Click()イベントハンドラです

［メソッド呼び出し］ボタンをクリックすると、❶の**Button1_Click()イベントハンドラー**が呼ばれます。クリックという動作と、処理を行うメソッドを結び付ける仕組みがイベントハンドラーなのです。

なお、Button1_Click()イベントハンドラーは、VS Community 2022が自動的に付けた名前です。デザイン画面でコントロールをクリックすると、コントロールに対応した一番よく使うClickイベントに対応し

たメソッドを、以下の規則で自動生成します。

> コントロール名_ イベント名()

　プロパティウィンドウの［イベント］ボタンをクリックしたときに表示される箇所で、自由に名前を設定することもできます。慣れるまでは、自動で付けてくれた名前をそのまま使っても問題ありません。
　次のサンプルコードは、イベントハンドラーの記述例です。イベントハンドラー自体はVS Community 2022が自動で生成してくれるため、メソッド部分のコードを書く必要はありません。中の処理を記載することになります。

List 4 サンプルコード（イベントハンドラーの記述例：Form1.vb）

```
' ボタンがクリックされた時に以下のメソッド呼び出し
Private Sub Button1_Click(sender As Object, e As EventArgs) Handles Button1.Click
    ' 処理
End Sub
```

|イベントハンドラー|第1引数|第2引数|

　メソッドの終わりにある**Handlesキーワード**が、その後のイベントとハンドルしています。
　また、イベントハンドラーには、必ず引数（ひきすう）が2つあるというお約束があります。
　引数とは、メソッドを呼び出す際に引き渡す情報のことで、イベントハンドラーの最初の**第1引数**が「どのオブジェクトから呼ばれたか」という情報を示します。
　第2引数は、どんな手段で呼ばれたかという情報を示しています。どんな手段かというのは、キーボードの場合、「どんな手段でキーが押されたか」、つまり「どのキーが押されたか」という情報を示します。マウスの場合は、「マウスのどのボタンが押されたか」「どの位置で押されたか」という情報を示します。

まとめ

◉ **オブジェクト指向を理解するためには、まずプロパティ、メソッド、イベント、イベントハンドラーなどの用語の意味と使い方を理解する。**

用語のまとめ

用語	意味
プロパティ	オブジェクトの中の「データ」にあたる部分
メソッド	オブジェクトの中の「処理」にあたる部分
イベント	オブジェクトの処理を行うきっかけにあたるもの
イベントハンドラー	イベントが発生したときに、実際に呼ばれるメソッド

クラス、インスタンス

オブジェクト指向プログラミングで一番よく使うのが、クラスとインスタンスです。その考え方は少し難しいのですが、身近なところで使われているので、よく覚えておいてください。

●クラスって何だろう？

前回、**データ**と**処理**を1つにまとめたものを**オブジェクト**と言いましたが、「共通の目的」を持ったデータと処理を集めたものを**クラス**と言います。クラスの意味するところが、英語なのでニュアンスがわかりづらいですが、「共通の性質を持った物の集まり、部類」という意味になります。

Windowsフォームも「フォームを使う」という目的を持ったデータと処理を集めたクラスです。また、ツールボックスもクラスです。

図6-8：クラスの仕組み

このクラスの中に**プロパティ**や**メソッド**を記述します。

●インスタンスって何だろう？

　クラスを元にして、実際に処理やデータを扱うものを**インスタンス**と言います。日本語だと、ちょっとわかりにくいですが、インスタンスは「実体」という意味です。英語の「for instance」が「実際の例」という意味になるので、そのニュアンスになります。

　1つのクラスから、多くの実体であるインスタンスが生成されます。

図6-9：インスタンスの仕組み

　処理を行う場合もクラスを直接処理するのではなく、クラスから生成されたインスタンスに対して処理を行います。

　言葉で説明しただけでは、クラスとインスタンスの関係がなかなかイメージしづらいと思いますので、料理に例えてみます。

図6-10：クラスとインスタンスの関係

　クラスは、クッキーをくりぬく「抜き型（金具）」に相当します。1つの抜き型から大量のクッキー（実体）を作ることができます。私たちが実際に食べるのも、クッキーの実体（インスタンス）です。実体には形だけでなく、具体的な色や味、匂いといったデータが各々備わっているというイメージです。

　実際の例では、ツールボックスにある部品（コントロール）が**クラス**です。その部品をフォームに貼り付けたものが、実体の**インスタンス**になります。

　私たちが実行する場合は、フォーム上に配置された実体のボタンをクリックするというわけです。

Windowsフォームそのものも、クラスです。以下にクラスのサンプルコードを示します。

List 1 サンプルコード（クラスの記述例）

```
' Windowsフォームのコード
Public Class❶ Form1❷
    ' Windowsフォームの処理やデータのコード
End Class
```

表6-3：List1のコード解説

No.	コード	内容
❶	Class	クラスであることを示します
❷	Form1	このクラスの名前です

●クラスのサンプルを作成する

クラスの仕組みを体験するために、簡単なサンプルを作ってみましょう。次の表6-4の設定で、ひな形を作成してください。

表6-4：サンプルソリューションの設定

画面名	選択	値および選択した項目
Visual Studio 2022	開始する	新しいプロジェクトの作成
新しいプロジェクトの作成	プロジェクトテンプレート	Windowsフォームアプリ[Visual Basic]
新しいプロジェクトを構成	プロジェクト名	ClassSamples
	場所	C:¥VB2022_Application¥Chapter6-3
	ソリューション名	（プロジェクト名と同じ）
追加情報	フレームワーク	.NET 7.0（標準用語のサポート）

ひな形が完成したら、ツールボックスからコントロールを配置し、次のような画面を作成してください。表6-5は、コントロールの設定値です（Labelコントロールの設定値は、省略しています）。その先のコードと関係します。

また、すべてのTextBoxコントロールのTextAlignプロパティ*は、「Center」に設定しています。

---

*TextAlignプロパティ　テキストをどのように配置するかを設定するプロパティ。「Center」は中央に揃えて配置します。

表6-5：各コントロールのプロパティの設定

No.	コントロール名	プロパティ名	内容
❶	Formコントロール	Textプロパティ	Animal Class Sample
❷	Buttonコントロール	(Name)プロパティ	ButtonAnimalInstanceCreate
		Textプロパティ	動物クラスのインスタンス生成
❸	TextBoxコントロール	(Name)プロパティ	TextBoxName1
❹	TextBoxコントロール	(Name)プロパティ	TextBoxColor1
❺	TextBoxコントロール	(Name)プロパティ	TextBoxSing1
❻	TextBoxコントロール	(Name)プロパティ	TextBoxName2
❼	TextBoxコントロール	(Name)プロパティ	TextBoxColor2
❽	TextBoxコントロール	(Name)プロパティ	TextBoxSing2

[ButtonAnimalInstanceCreate] ボタンをダブルクリックして、**ButtonAnimalInstanceCreate_
Click()イベントハンドラー**を作成しておきましょう。こちらにAnimalインスタンスを設定する部分を記載
します。

　それでは早速、クラスを作成してみましょう。クラスの名前は、Animal（動物）クラスになります。また、
動物の名前を表すデータの「Name」、色を表すデータの「Color」、動物の鳴き声を返す処理の「Sing()メ
ソッド」が記述されています。

図6-11：動物クラスのイメージ

　実際にコードを書く前に、VS Community 2022でクラスを作成するお作法をご紹介します。クラスはいろんなコードから利用されるので、基本的に1つのクラスは、1ファイルで作成するようにします。

　クラスは、下記の手順で作成します。VS Community 2022の場合は、「こんなことができると便利だな」という機能は右クリックすると、大概できるようになっています。

■1 新しいクラスを作成する

2 クラス名を設定する

❶ [新しい項目の追加] ウィンドウが起動し、クラスがすでに選択されています

❷ 名前を「Animal.vb」に変更して、[追加] ボタンをクリックします

3 Animal クラスのひな形が作成された

Animal クラスのひな形が作成されました。Name、Color、Sing() メソッドを実装します

　次のサンプルコードは、List2 が Animal クラス（動物クラス）の記述例、List3 が Animal クラスのインスタンスを呼び出すサンプルコードです。　　　　の部分は、自動で記述される部分になります。

　また、インスタンスは、**New キーワード**で**クラス名**を指定して作成します。

サンプルコード（Animal クラスの記述例： Animal.vb）

```
Public Class Animal
    ❶
    Public name As String     ' 動物の名前
    ❷
    Public color As String    ' 色
    Public Function Sing() As String
    ❸
        Dim resultString As String
        ❹
        If name = "ネコ" Then
            resultString = "ニャー"
        ElseIf name = "イヌ" Then
            resultString = "ワン"
        Else
            resultString = "？"
        End If
        Return resultString
    End Function
End Class
```

表6-6：List2のコード解説

No.	コード	内容
❶	Class Animal	Animalクラスを定義しています。クラスの宣言は、Classと書きます
❷	Public name As String	Animalクラスで扱うデータの宣言です
❸	Public Function Sing() As Strin 〜 End Function	Animalクラスで扱うメソッドです。外部から呼び出されると、こちらに記載した処理が実行されます
❹	name	変数name はメソッドの内部では宣言されていません。Animalクラス全体で使うことができます。外部に公開している変数なので、外部から値が変更できます。その変更された値をみて処理を行っています

Animal クラスのインスタンスを呼び出すサンプルコード（Form1.vb）

```
Public Class Form1
    Private Sub ButtonAnimalInstanceCreate_Click(sender As Object,
        e As EventArgs) Handles ButtonAnimalInstanceCreate.Click
    ❶
        Dim cat As Animal     ' Animalクラス型の cat 変数の宣言
        cat = New Animal()    ' catにAnimalクラスのインスタンス生成
```

```
❷ Dim dog As Animal    ' Animalクラス型の dog 変数の宣言
  dog = New Animal()    ' dogにAnimalクラスのインスタンス生成


      ' catインスタンスに具体的な値を設定
❸ cat.name = "ネコ"

  cat.color = "白"
      ' catインスタンスの値をテキストボックスに表示
  TextBoxName1.Text = cat.name

  TextBoxColor1.Text = cat.color
                      ❹
  TextBoxSing1.Text = cat.Sing()


      ' dogインスタンスに具体的な値を設定
  dog.name = "イヌ"

  dog.color = "茶"
      ' dogインスタンスの値をテキストボックスに表示
  TextBoxName2.Text = dog.name

  TextBoxColor2.Text = dog.color
                      ❺
  TextBoxSing2.Text = dog.Sing()

    End Sub

End Class
```

上級編
Chapter
6

表6-7：List3のコード解説

No.	コード	内容
❶	`Dim cat As Animal` `cat = New Animal()`	Dim catの部分は、Dim aと同じく、Aanimalクラスの変数を宣言しています。変数名がcatですね。イコールの右辺のNew Animal()でインスタンス（実体）を生成しています。この実体の生成以降、catという変数を使って値の設定、メソッドの呼び出しができるようになります
❷	`Dim dog As Animal` `dog = New Animal()`	Animalクラスのインスタンスをdogという名前で生成しています。このように1つのクラスから変数の名前を変えることで、いくつものインスタンスを作成することができます
❸	`cat.name = "ネコ"`	インスタンスに対して、プロパティやメソッドを呼び出します。この例では、catインスタンスのnameプロパティに"ネコ"を設定しています

| ❹ | `cat.Sing()` | catインスタンスを利用して、Sing()メソッドを呼びます。内部の処理では、設定したnameによって結果の鳴き声を変える処理をしています。ここでは、cat.nameは"ネコ"に設定されているので、Sing()は、"ニャー"を返します |
| ❺ | `dog.Sing()` | dogインスタンスを利用して、Sing()メソッドを呼びます。dog.nameは"イヌ"に設定されているので、Sing()は、"ワン"を返します |

Tips 宣言と同時にインスタンスを作成する

以下のように記述すると、宣言と同時にインスタンスを作成することができます。

```
Dim cat As Animal = New Animal()
```

 まとめ

- ◉ クラスは、共通した目的を持ったデータと処理の集まりで、「ひな形」「抜き型」に相当する。
- ◉ インスタンスは「実体」で、クラスから大量に複製して作ることができる。
- ◉ インスタンスは、Newキーワードでクラス名を指定して作成する。

∷ 用語のまとめ

用語	意味
クラス	共通の目的を持ったデータと処理を集めたもの
インスタンス	クラスを元にして、実際に処理やデータを扱うもの

カプセル化

オブジェクト指向プログラミングで、データを保護するためによく使われるカプセル化の概念を理解しましょう。

●カプセル化って何だろう？

　構造化設計が行われていた頃は、データを誤った方法で使わないように、チェック用のメソッドを作っていました。

　例えば、クッキーの色を指定したいとき、色を示す文字列を渡す処理があったとして、

```
クマのクッキー.色 = "茶色"
```

となっていればよいのですが、

```
クマのクッキー.色 = 123
```

だと何色かわかりません。そのため、いったんチェックしてから値を代入していました。

図6-12：データのチェックと処理の方法①

　しかし、このチェックの存在を知らない人が勝手にチェック処理を作成したり、チェックせずに値を入れたりするケースがあり、データが知らない間に破壊されることがあります。

オブジェクト指向プログラミングでは、データとチェック処理が一緒にあるので、値を代入する際、必ずチェックしてからデータに値を入れることができるようになりました。

そして、チェックなしにデータを触らせないようにするため、データそのものを直接ふれないようにすることもできます。

図6-13：データのチェックと処理の方法②

外部からデータが直接ふれないように、オブジェクトの中に処理とデータを隠し、オブジェクトを操作するために必要な処理のみ外部に公開することを**カプセル化**と言います。カプセルのように、中に処理とデータを閉じ込めることで、データを安全に確保することができるようになりました。

イメージ的には、薬のカプセルと同じで、中身が守られているというイメージです。

図6-14：カプセル化のイメージ

カプセル化が実現されている例を見てみましょう。実はプロパティは、カプセル化によって守られています。VS Community 2022 での実現例は、次の通りです。

Label1のBackColorプロパティに、「ありえない色」として「qwe」を入力して [Enter] キーを押すと、「プロパティの値が無効です。」と警告されます。つまり、直接、値を設定しようとしても、チェック処理にひっかかってエラーが表示されたのです。

なお、カプセル化は英語で「encapsulation」と言います。難しい英単語ですが、「en-」(〜にする) +「capsule」(カプセル) +「-tion」(名詞化) という意味があり、「カプセルにする」の名詞形でカプセル化だとイメージいただければよいかと思います。

上級編
Chapter
6

●カプセル化のサンプルを作成する

それではカプセル化のサンプルコードを書いてみましょう。次の表6-8の設定で、ひな形を作成してください。

表6-8：サンプルソリューションの設定

画面名	選択	値および選択した項目
Visual Studio 2022	開始する	新しいプロジェクトの作成
新しいプロジェクトの作成	プロジェクトテンプレート	Windowsフォームアプリ [Visual Basic]
新しいプロジェクトを構成	プロジェクト名	EncapsulationSamples
	場所	C:¥VB2022_Application¥Chapter6-4
	ソリューション名	(プロジェクト名と同じ)
追加情報	フレームワーク	.NET 7.0 (標準用語のサポート)

このEncapsulationSamplesは、カプセル化の説明をするサンプルです。ボタンをクリックすると、テキストボックスに書いた色でLabel部分が着色されます。存在しない色や、何も入力しない場合は、Blackとなります（初期値としてもBlackをテキストボックスに設定してあります）。カプセル化の実装は、プロパティの仕組みを使っています。

　ひな形が完成したら、ツールボックスからコントロールを配置し、次のような画面を作成してください。表6-9は、各コントロールの設定値です（その先のコードと関係します）。
　画面が完成したら、[TextBoxColorValue]ボタンをダブルクリックして、**ButtonSetColor_Click()イベントハンドラー**を作成します。

表6-9：各コントロールのプロパティの設定

No.	コントロール名	プロパティ名	内容
❶	Formコントロール	Textプロパティ	文字で色を設定
❷	Labelコントロール	(Name)プロパティ	LabelColorResult
		Textプロパティ	設定した色
❸	TextBoxコントロール	(Name)	TextBoxColorValue
		Textプロパティ	Black
❹	Buttonコントロール	(Name)プロパティ	ButtonSetColor
		Textプロパティ	色を設定する

　カプセル化の概念を実現するために、内部の変数とその変数を設定するための仕組みとして、プロパティを実装します。 の部分は、自動で記述される部分です。
　コードの中にGet、Setというキーワード*があったら**プロパティの宣言**のことで、**Getキーワード**で内部の変数を外部から読み取り、**Setキーワード**で外部の値を内部の変数に設定します。

List 1 サンプルコード（カプセル化の実現、プロパティを使って実装した例：Form1.vb）

```
Public Class Form1
    ' クラス内部の変数、外から操作できないようにしています。
❶
    Private _colorName As String
```

---

* **Get、Setというキーワード** **Getアクセサー**、**Setアクセサー**とも呼ばれます。アクセサーとは、オブジェクト内部のデータに外部からアクセスするために用意されたメソッドのようなものです。

```
' プロパティのサンプルコード
❷Public Property ColorName() As String
  ❸Get  ' 値を取得するメソッドに該当、Get は固定、引数や () は書かない
      Return _colorName          ' 内部の変数の値を取得
    End Get
  ❹Set(ByVal value As String)  ' 値を設定するメソッドに該当、Set は固定
      ' 値のチェックをして内部の変数に適切な値を設定
     ❺If value = "" Then
        ' 値が入力されていない場合、内部の変数に Black を設定
        _colorName = "Black"
      Else
        ' 上記以外は入力した値をそのまま内部の変数に設定
        _colorName = value
      End If
    End Set
End Property
  Private Sub ButtonSetColor_Click(sender As Object,
                          e As EventArgs) Handles ButtonSetColor.Click
    ' テキストボックスに入力された値をプロパティに設定
   ❻ColorName = TextBoxColorValue.Text
    ' プロパティから値を取得して、色に変換。定義されていない色は Black になります。
    LabelColorResult.ForeColor = ❼Color.FromName(ColorName)
  End Sub
End Class
```

上級編
Chapter
6

表6-10：List1のコード解説

No.	コード	内容
❶	`Private _colorName As String`	「_colorName」という名前の変数（内部データ）を定義しています。カプセルの中に含まれるデータのイメージで、外から操作できないようになっています
❷	`Public Property ColorName() As String` ~ `End Property`	「ColorName」という名前のチェック処理を定義しています。このチェック処理を含めたコードが**プロパティ**で、カプセル化を実現するコードです。こちらを外から操作します

❸	`Get`
	`〜`
	`End Get`
		Getキーワードで出力する値をチェックし、値を返す部分です。クラス内部の変数「_colorName」の値を返すメソッドのようなものです。一般的なメソッドとは異なり、()は使いませんが、リターン値として、「Return 値」を記述します。**チェックが必要なら、ここに処理を書きます**

❹	`Set(ByVal value As String)`
	`〜`
	`End Set`
		Setキーワードで入力された値をチェックし、内部のデータに設定する部分です。クラス内部の変数「_colorName」に値を設定するメソッドのようなものです。一般的なメソッドとは異なり、()を使わないので、引数でのやり取りができず、valueキーワードに設定した値が入ります。**チェックが必要ならここに処理を書きます**

❺	`If value = "" Then`	**Set**キーワードで設定された値がvalueキーワードに自動的に設定されるので、その値をチェックしています
❻	`ColorName =` `TextBoxColorValue.Text`	**ColorName**プロパティに値を設定しています。メソッドの引数で値を引き渡すよりも変数そのものに近い感覚で代入できるイメージです。値を設定した後は、内部的にSetキーワードの部分の処理が実行されます。テキストボックスに入力された値がこのプロパティを経由して内部の変数「_colorName」に代入されます。判定文が記述できるので、想定していない値を受け取らないように処理できます
❼	`Color.FromName(ColorName)`	FromName()メソッドは、引数の文字列の色をColor型に変換して返します。**ColorName**プロパティの戻り値の型がString型なのでFromName()で直接利用しています

Tips **.NET 7.0で指定できる色の名前**

.NET 7.0で指定できる色の名前の一覧は、下記のWebサイトをご参照ください（1文字の値（R,G,B,A）は、別の用途のものです）。

▼Color構造体

```
https://learn.microsoft.com/ja-jp/dotnet/api/system.drawing.color?view=net-
7.0#properties
```

　コードの中身を細かく理解できなくても大丈夫です。カプセル化を実現しているプロパティは、こんな感じで実現されているという雰囲気だけ感じてください。

　なお、3.7節でも説明しましたが、メソッドと内部のデータの先頭にあるprivateやpublicは、**アクセス修飾子**といい、表6-11に示した意味があります。

表6-11：アクセス修飾子の種類と意味

アクセス修飾子	意味
Private	外部（自分以外のクラス）から見えないようにする（非公開にする）
Public	外部に公開する
なし	publicと同じ

まとめ

● **オブジェクトが自分自身を守るために「カプセル化」という概念が生まれた。**

∷用語のまとめ

用語	意味
カプセル化	オブジェクトの中に処理とデータを隠し、オブジェクトを操作するために必要な処理のみ外部に公開すること

Column　自動実装するプロパティ

　プロパティの**Getキーワード**、**Setキーワード**の中に処理が必要ない場合、次のようにもっと簡単にプロパティの宣言を書くことができます。

```
Public Property MyBackColor As Color
```

　Private変数、Getキーワード、Setキーワード、プロシージャの記述が不要になります。この1行で、内部的には、「Private _myBackColor As Color」が作成されます。

　自動実装プロパティは、プログラミングに慣れた人がコードを楽に書くための機能です。内部的にこうなることを強く意識するために、慣れるまでは面倒ですが、以前の構文のように全部書くことをお勧めします。

クラスの継承

すでにあるプログラムをうまく使いまわして、プログラムコードを書く手間と時間を大幅に減らしてくれるのが、「クラスの継承」です。ここでは、とても便利なクラスの継承の仕組みを説明します。

●継承って何だろう？

　例えば、「クマのクッキーが大好評だったので、ネコとイヌとヒヨコのクッキーを作ってください」と言われたらどうしますか？　それぞれのクッキーごとに材料を用意して、抜き型（金具）も作成しますか？　大変ですよね。

　よく似た部分はそのまま流用し、**差分**（さぶん）と呼ばれる「違う部分」だけ作ると楽ができそうです。

　プログラムを作成するときも同じ発想です。「すでに存在するプログラムをうまく使いまわして楽をしよう」という考え方です。プログラムの共通した目的の部分を**クラス**としてまとめます。

　さらに、クラスの共通する部分を抜き出して基本的なクラスにすることで、その基本的なクラスをうまく使って楽ができるわけです。

図6-15：たくさんの種類のクッキーを作るには？

　共通する部分を抜き出して元になるクラスを作成すると、後は単純に耳やクチバシなどを加えれば楽に作成できます。新しい種類のクッキーも簡単にできそうです。

　このように「共通する部分」を抜き出して、元になるクラスから新しいクラスを作成することを、**継承**（けいしょう）と言います。継承という名称の通り、元のクラスの「処理」や「データ」を、継承したクラスに受け継ぐことができます。

図6-16：元のクラスと継承したクラス

　つまり、**元のクラス（親クラス）** で作成したプロパティとメソッドは、**継承した新しいクラス（子クラス）** に受け継がれるというわけです。

　継承によって作成された子クラスは、親クラスが持っているプロパティ、メソッドを受け継ぐので、何もしなくても、そのまま自分のクラスのプロパティ、メソッドとして使用できます。そして、足りないプロパティ、メソッドがあれば追加する、というわけです。

　これにより、同じコードを何度も書く手間が省ける差分コーディング＊ができます。

　以下は、Animalクラスのイメージと、それを継承したクラスであるCatクラスのイメージです。

＊**差分コーディング**　差分（さぶん）とは、それぞれの間にある差のこと。継承によって作成されたクラスの独自部分だけを
追加・修正するコーディング方法。なお、コードを書くことをコーディングという。

309

図6-17：Animalクラスと、それを継承したCatクラス

　元になる親クラスの名前は、Animal（動物）クラスです。動物クッキーの色を表すデータの「Color」、匂い
を表すデータの「Smell」、味を表すデータの「Flavor」、鳴き声を返す処理の「Sing()メソッド」を定義しま
す。

　そして、その親クラスであるAnimalクラスを継承したのが、Catクラスになります。親クラスから引き継
いだデータや処理はそのまま使えますので、Catクラスで新しく追加したいデータや処理のみを記述しま
す。

　なお、継承は英語で、「inheritance」と言います。「in-」（中へ）＋「herit」（受け継ぐ）＋「-ance」（もの、
こと）が語源で、身内の中で受け継ぐことから、継承という意味になります。

●クラスの継承のサンプルを作成する

　それでは、クラスの継承を体験するために、簡単なサンプルを作ってみましょう。まず次の表6-12の設定
で、ひな形を作成します。

表6-12：サンプルソリューションの設定

画面名	選択	値および選択した項目
Visual Studio 2022	開始する	新しいプロジェクトの作成
新しいプロジェクトの作成	プロジェクトテンプレート	Windows フォームアプリ [Visual Basic]
新しいプロジェクトを構成	プロジェクト名	InheritanceSamples
	場所	C:¥VB2022_Application¥Chapter6-5
	ソリューション名	（プロジェクト名と同じ）
追加情報	フレームワーク	.NET 7.0（標準用語のサポート）

　ひな形が完成したら、ツールボックスからコントロールを配置し、次のような画面を作成してください。表6-13は、コントロールの設定値です（Labelコントロールの設定値は、省略しています）。その先のコードと関係します。

　また、すべてのTextBoxコントロールのTextAlignプロパティは、「Center」に設定しています。

表6-13：各コントロールのプロパティの設定

No.	コントロール名	プロパティ名	内容
❶	Formコントロール	Textプロパティ	継承のサンプル
❷	Buttonコントロール	(Name)プロパティ	ButtonAnimal
		Textプロパティ	動物クッキー
❸	TextBoxコントロール	(Name)プロパティ	TextBoxAnimalColor
❹	TextBoxコントロール	(Name)プロパティ	TextBoxAnimalSmell
❺	TextBoxコントロール	(Name)プロパティ	TextBoxAnimalFlavor
❻	TextBoxコントロール	(Name)プロパティ	TextBoxAnimalSing
❼	Buttonコントロール	(Name)プロパティ	ButtonCat
		Textプロパティ	猫クッキー
❽	TextBoxコントロール	(Name)プロパティ	TextBoxCatColor
❾	TextBoxコントロール	(Name)プロパティ	TextBoxCatSmell
❿	TextBoxコントロール	(Name)プロパティ	TextBoxCatFlavor

⑪	TextBoxコントロール	(Name)プロパティ	TextBoxCatEar
⑫	TextBoxコントロール	(Name)プロパティ	TextBoxCatSing

[ButtonAnimal] ボタンと [ButtonCat] ボタンをそれぞれダブルクリックして、**ButtonAnimal_Click_Click()イベントハンドラー**と、**ButtonCat_Click()イベントハンドラー**を作成しておきましょう。こちらにAnimalクラスのインスタンスと、継承したCatクラスのインスタンスを設定する部分を記載します。

まずは、おおもとになるAnimalクラスを作成するコードです。VS Community 2022でクラスを作成する方法は、6.3節の「クラス、インスタンス」を参考にしてください。　　　の部分は、自動で記述される部分です。

List 1 サンプルコード（Animalクラスの記述例：Animal.vb）

```
' Animal クラスです。
❶ Public Class Animal
    ' すべての動物クッキーに共通している値を定義します。
  ❷ Public Property Color As String        ' 色のプロパティ（自動実装）
    Public Property Smell As String         ' 匂いのプロパティ（自動実装）
    Public Property Flavor As String        ' 味のプロパティ（自動実装）

    ' 動物の鳴き声
    Public Function Sing() As String
        Return "・・・"
    End Function
End Class
```

表6-14：List1のコード解説

No.	コード	内容

❶	`Public Class Animal`
	`～`
	`End Class`
		「Animal」という名前の親クラスを定義しています

❷	`Public Property Color As String`	Animalクラス（親クラス）の中にあるプロパティ（属性）です

それでは、本題である継承クラスのコードのサンプルを書いてみましょう。ポイントは、「クラスを継承していることをコードでどのように記述するか？」の部分です。

クラスのひな形の作成方法は、Animalクラスと同じです。List2では、クラス名と同じファイル名で、Catクラスを個別のファイルとして作成しています。　　　の部分は、自動で記述される部分です。

List 2 サンプルコード（Animal クラスを継承した Cat クラスの記述例：Cat.vb）

```
' Animalクラスを継承したCatクラスです
❶
Public Class Cat
    ❷
    Inherits Animal
    'Animalクラスで定義されていない部分だけを記述します。
    ❸
    Public Property Ear As String     ' 耳の形のプロパティ
    ' Catクラス独自のメソッドも追加できます。
    Public Function CatSing() As String
        Return "ニャー"
    End Function
End Class
```

表6-15：List2のコード解説

No.	コード	内容

❶	`Public Class Cat`
	　`Inherits Animal`
	`～`
	`End Class`
		Animal クラス（親クラス）を継承した Cat クラス（子クラス）を定義しています。**Inherits ステートメント**の後に、継承するクラス指定します

❷	`Inherits Animal`	Animal クラスを継承するという意味のコードです
❸	`Public Property Ear As String`	Animal クラスから「色」「匂い」「味」を受け継いでいるので、足りない部分の「耳の形」だけを書きます

クラスを受け継いだという実感がわかないので、Cat クラスのメソッドで試してみましょう。

インテリセンスの中にクラスの中で使用可能なプロパティ（属性）の一覧が表示されます。色（Color）、耳の形（Ear）、味（Flavor）、匂い（Smell）の4つが表示され、これらのプロパティが使えることが確認できます。

継承した Color、Ear、Flavor、Smell のプロパティがインテリセンスに表示されます

また、**Me キーワード**は自分のクラス（ここではCatクラス）を指します。コーディングで「Me」と書くと、インテリセンスの機能によって「.」の後に自分のクラスで使用可能なメソッドやフィールド（プロパティ、変数）が表示されます。

まとめ

◉ クラスの継承によって、元になるクラス（親クラス）からプロパティ、メソッドを受け継ぐことができる。

◉ 継承をうまく使うと、自分のクラスのコードを書く手間を削減できる。

⠿用語のまとめ

用語	意味
継承	元になるクラス（親クラス）から処理、データを引き継ぐこと

Column コードスニペット

Visual Basicでは、プロパティをかなり煩雑に利用します。しかし、コードを書くのが大変です。そのため、短いキーワードである程度、コードを自動で書いてくれる**コードスニペット**の使い方を知っておくとよいでしょう。スニペット (snippet) は、「わずか、少し」という意味です。

プロパティのコードスニペットには複数の種類がありますが、次の手順を知っておくとよいでしょう。

❶「キーワード＋[Tab][Tab]」とタイプすると、自動でキーワードのコードを書いてくれます
（[Tab][Tab]は、[Tab]キーを2回押すという意味です）。Propertyキーワードで自動実装する
プロパティのコードを自動で書いてくれます。

❷自動で書かれたコード部分を元に、変数名、プロパティ名、戻り値の型などを適切に変更します。

▼コードスニペットの例

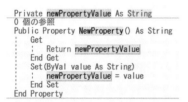

▼コードスニペット

```
Property [Tab][Tab]
```

▼コードスニペットの結果、自動で書かれたコード

```
Private newPropertyValue As String
Public Property NewProperty() As String
    Get
        Return newPropertyValue
    End Get
    Set(ByVal value As String)
        newPropertyValue = value
    End Set
End Property
```

ポリモーフィズム（多態性）

クラスの継承と同様に、ポリモーフィズム（多態性）もコーディングの手間と時間を削減する仕組みです。ポリモーフィズムの概要を理解しておきましょう。

●ポリモーフィズムって何だろう？

　クラスの継承で、主にプロパティの流用が楽になりました。今度は、処理を行うメソッドを呼び出す部分に注目してみましょう。

　やや強引ですが、クッキーに「鳴く()」というメソッドの機能を追加してみます。クッキーの裏に鳴き声が書いてあって、クッキーの裏の鳴き声を見ることを、「鳴く()」としましょう。

・ネコのクッキーに対して「鳴く」メソッドを呼ぶと、「ニャー」と答えてくれます。

・イヌのクッキーに対して「鳴く」メソッドを呼ぶと、「ワン」と答えてくれます。

・ヒヨコのクッキーに対して「鳴く」メソッドを呼ぶと、「ピヨ」と答えてくれます。

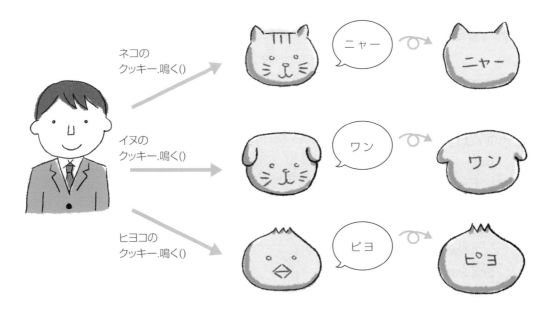

図6-18：「鳴く」メソッド

これをプログラムっぽく書くと、

鳴き声1 = ネコのクッキー.鳴く()

鳴き声2 = イヌのクッキー.鳴く()

鳴き声3 = ヒヨコのクッキー.鳴く()

となり、それぞれ、「ニャー」「ワン」「ピヨ」という結果が返ってきます。

　よく見ると、すべて「□□□.鳴く()」となっていて、呼び出すメソッドは同じです。同じなので、この部分も楽に呼び出せたらいいですね。継承の概念のように、共通部分を抜き出せたらコーディングが楽になります。

　引き続き、ネコのクッキー、イヌのクッキー、ヒヨコのクッキーを同じ動物クッキーの袋に入れてみます。袋は全部で3つあります。

動物クッキーの袋1 = ネコのクッキー

動物クッキーの袋2 = イヌのクッキー

動物クッキーの袋3 = ヒヨコのクッキー

図6-19：クッキーを動物クッキーの袋に入れる

さらに、袋の裏が透明になっていて、鳴き声が書かれた文字が見られるということにして、「鳴く()」メソッドを実行すると、袋の裏から鳴き声がわかるということにします。

動物のクッキーの袋に対して、「鳴く()」メソッドを呼んでみましょう。

鳴き声1 = 動物クッキーの袋1.鳴く()

鳴き声2 = 動物クッキーの袋2.鳴く()

鳴き声3 = 動物クッキーの袋3.鳴く()

図6-20：動物のクッキーの袋に対して、「鳴く()」メソッドを呼ぶ

見た目は同じなのですが、袋の中身、つまり実体に応じた鳴き声をします。このように、呼び出す側を共通にして、楽に呼び出せるようにした仕組みを**ポリモーフィズム**と言います。

なんだか聞きなれない言葉ですが、英語では「polymorphism」と書きます。「ポリ（Poly）＝多くの」と「モーフ（Morph）＝姿を変える、変身する」という言葉が組み合わさっていて、見た目は1つでも、実際にはたくさんの意味があることを表します。日本語では、「多態性」「多様性」「多相性」などと言います。

では、ポリモーフィズムがあると、なぜ便利なのでしょうか？

例えば、後からさらにヒツジ、ウシ、ウマなどのクッキーの種類を増やしたとしても、元のクラスのコード、つまり、以下のコードは変更しなくてもよいメリットがあります。

```
動物クッキーの袋.鳴く()
```

アプリケーションでこの仕組みを応用すると、後から機能を追加したりするのに非常に便利になると言うわけです。

●ポリモーフィズムのサンプルを作成する

それでは、このポリモーフィズムのサンプルを書いてみましょう。

いつも文字だけでは味気ないので、今回は動物（Animal）クッキーを画像で表現しています。説明に合わせる感じで、ポリモーフィズムの結果として、それぞれの各動物クッキーの裏側の鳴き声を見るイメージです。

クラスの継承を利用して、その継承の中でポリモーフィズムを実践するコードを書いています。ポイントは「同じメソッドを呼んでいるのに結果が異なっている」点です。

まず次の表6-16の設定で、ひな形を作成してください。

表6-16：サンプルソリューションの設定

画面名	選択	値および選択した項目
Visual Studio 2022	開始する	新しいプロジェクトの作成
新しいプロジェクトの作成	プロジェクトテンプレート	Windowsフォームアプリ[Visual Basic]
新しいプロジェクトを構成	プロジェクト名	PolymorphismSamples
	場所	C:¥VB2022_Application¥Chapter6-6
	ソリューション名	（プロジェクト名と同じ）
追加情報	フレームワーク	.NET 7.0（標準用語のサポート）

ひな形が完成したら、ツールボックスからコントロールを配置し、次のような画面を作成してください。表6-17は、コントロールの設定値です（Labelコントロールの設定値は、省略しています）。その先のコードと関係します。

表6-17：各コントロールのプロパティの設定

No.	コントロール名	プロパティ名	内容
❶	Formコントロール	Textプロパティ	動物クッキー
❷	PictureBoxコントロール	(Name)プロパティ	PictureBoxDog
		SizeModeプロパティ	Zoom
❸	PictureBoxコントロール	(Name)プロパティ	PictureBoxCat
		SizeModeプロパティ	Zoom
❹	PictureBoxコントロール	(Name)プロパティ	PictureBoxBird
		SizeModeプロパティ	Zoom
❺	Buttonコントロール	(Name)プロパティ	ButtonSing
		Textプロパティ	鳴く
❻	Buttonコントロール	(Name)プロパティ	ButtonReset
		Textプロパティ	元に戻す

　画像に関しては、大きさが同じくらいの動物で、イヌ、ネコ、ヒヨコのクッキーだとわかるイメージの画像と、クッキーの裏面の各動物の鳴き声の画像を用意してください。PictureBoxコントロールのSizeModeプロパティ*をZoomに設定しているため、ある程度、画像サイズが異なっていても問題ありません。

　今回は、png形式の画像*を用意しました。

---

*SizeModeプロパティ　領域に合わせて画像のサイズを調整するプロパティ。Zoomは、オブジェクトの縦横の比率を変更せずに、サイズを調整してオブジェクト全体を表示します。

*png形式の画像　本文中で使用している画像は、本書のサポートページからサンプルプログラムと一緒にダウンロードできます。

表6-18：画像の設定

No.	イメージの名前	設定値
❶	動物クッキー表	AnimalCookie.png
❷	動物クッキー裏	AnimalCookieSing.png
❸	イヌのクッキー表	DogCookie.png
❹	イヌのクッキー裏	DogCookieSing.png
❺	ネコのクッキー表	CatCookie.png
❻	ネコのクッキー裏	CatCookieSing.png
❼	ヒヨコのクッキー表	BirdCookie.png
❽	ヒヨコのクッキー裏	BirdCookieSing.png

8個の画像すべてをVS Community 2022付属のエディタで作成するのは大変なので、1つ作成したら、まずプロジェクトのプロパティのリソース画面でイメージを表示した後、次にエクスプローラーから任意の画像をドラッグ＆ドロップすることで、取り込むことができます。

エクスプローラーから
VS Community 2022
へドラッグ＆ドロップ
します

すべての画像が用意できたら、デザイン画面で画像を次のように初期設定用に設定してください。

❶ ［PoctureBoxタスク］→ ［イメージの選択］を選択します

❷ 表示された［リソースの選択］画面
→［プロジェクト リソース ファイル］で、それぞれイヌ、ネコ、ヒヨコのクッキーの表にあたるpng画像を設定します

　なお、本書の執筆時（2023年3月）において、PictureBoxのタスクでイメージの選択しても、プロジェクトリソースに何も表示されないことがあります。その場合は、追加操作が必要になります[*]。

　まず、[リソースの選択] ウィンドウで、[プロジェクトリソースファイル] のラジオボタンを選択し、その下の [インポート] ボタンをクリックします。

上級編
Chapter
6

❶ [プロジェクトリソースファイル] のラジオボタンを選択します

❷ [インポート] ボタンをクリックします

---

[*] **追加操作が必要になります**　VS Community 2022のバージョン更新によって、この手順が不要になる可能性があることをご承知おきください。

続いて、エクスプローラーで「C:¥VB2022_Application¥Chapter6-6¥PolymorphismSample
s¥PolymorphismSamples¥Resources」フォルダを指定します。表示されている8つの画像
（.pngファイル）を選択し、[開く] ボタンをクリックします。

❶ 8つの画像を選択し
　　ます

❷ ［開く］ボタンをク
　　リックします

　プロジェクトリソースファイルに上記で選択した画像が一覧表示されるので、初期値に設定する画像
を選択します。

初期値に設定する画像
を選択します

　[ButtonSing] ボタンと [ButtonReset] ボタンをそれぞれダブルクリックして、**ButtonSing_Click()
イベントハンドラー**と、**ButtonReset_Click() イベントハンドラー**を作成しておきましょう。このボタンを
クリックしたときに、ポリモーフィズムのコードを利用して、クッキーの裏側の画像をセットするSing() メ
ソッドを呼ぶ処理を記載します。

　さらに、このコードにAnimalクラスのインスタンスと、継承したCatクラスのインスタンスを設定する
部分を記載します。ポリモーフィズムを実装するために、AnimalクラスからDog、Cat、Birdという3つの
クラスを継承します。継承したクラスに1つずつ固有のプロパティを追加します。

　そして、メソッドで着目していただきたいのが、メソッドの名前がすべて同じことです。クラス部分の全
体像は、次のようになります。

図6-21：クラス部分の全体像

　なお、すべてのクラスと画像を作成し終わった後のファイルの構成をソリューションエクスプローラーで
確認すると、次のようになります。

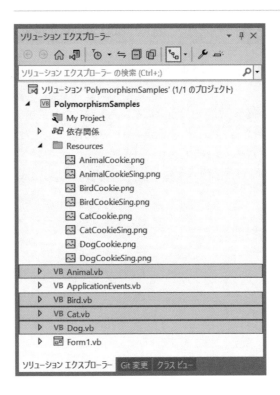

　前置きが少し長くなりましたが、それでは実際にポリモーフィズムのサンプルを書いてみましょう。まず
は、おおもとになるAnimalクラスのコードです。クラスの作成の方法は、6.3節の「クラス、インスタンス」
の新しいクラスを作成する説明を参考にしてください。　　　　の部分は、自動で記述される部分です。

List 1 　サンプルコード（Animalクラスの記述例：Animal.vb）

```
Public Class Animal
    ' すべての動物クッキーに共通している値を定義します。
❶   Public Property Color As String = "茶"              ' 色のプロパティ（自動実装）

    Public Property Smell As String = "コーヒー"          ' 匂いのプロパティ（自動実装）

    Public Property Flavor As String = "チョコレート"      ' 味のプロパティ（自動実装）


    ' 動物の鳴き声
❷   Public Overridable Function Sing() As Image
❸       Return My.Resources.AnimalCookieSing

    End Function


    Public Overridable Function Reset() As Image
❹       Return My.Resources.AnimalCookie
```

```
    End Function

End Class
```

表6-19：List1のコード解説

No.	コード	内容
❶	`Public Property Color As String = "茶"`	Colorプロパティを定義します。今回は初期値として「茶」を設定しています
❷	`Public Overridable Function Sing() As Image`	鳴くメソッドの定義です。戻り値は画像なので、Image型です。**Overridable**というキーワードが増えています。親側のクラスのメソッドにOverridableキーワードを指定すると、継承先で機能を書き換えてよいという意味になります
❸	`Return My.Resources. AnimalCookieSing`	戻り値として、リソースにある動物の鳴き声（クッキーの裏側）の画像を設定しています。Visual Basicでリソースファイルにアクセスする場合、**My**を使用します
❹	`Return My.Resources.AnimalCookie`	戻り値として、リソースにある動物（クッキーの表側）の画像を設定しています。Visual Basicでリソースファイルにアクセスする場合、**My**を使用します

　継承した3つのクラスのコードのサンプルを書いてみましょう。少し大変ですが、1クラス・1ファイルとなるので、3つの継承クラスを作成します。　　　　の部分は、自動で記述される部分です。

　ここでのポイントは、メソッドの書き方です。1つの継承クラスを作成した後は、ソリューションエクスプローラー上でDog.vbをコピーして名前を変更する方法でもかまいません。その場合は、クラスの内容の修正漏れに注意しましょう。

List 2　サンプルコード（Animalクラスを継承したDogクラスの記述例：Dog.vb）

```
❶
Public Class Dog
    Inherits Animal          ' Animalクラスを継承

    ❷
    Public Property Nose As String = "丸"          ' 鼻の形

    ❸
    Public Overrides Function Sing() As Image
        ❹
        Return My.Resources.DogCookieSing
    End Function

    Public Overrides Function Reset() As Image
        ❺
        Return My.Resources.DogCookie
```

```
    End Function

End Class
```

表6-20：List2のコード解説

No.	コード	内容
❶	`Public Class Dog` `    Inherits Animal`	Animalクラスを継承して、Dogクラスを作成しています
❷	`Public Property Nose As String =` `"丸"`	親クラスにはない、新しく追加するプロパティを定義します。今回は初期値として「丸」を設定しています
❸	`Public Overrides Function Sing()` `As Image`	鳴くメソッドの定義です。戻り値は画像なので、Image型です。**Overrides**というキーワードが増えています。継承したクラスのメソッドに、このOverridesキーワードを指定すると、"処理の内容を上書きする"という意味になります。Overridesキーワードは、そのまま上書きを意味します。親クラスと同じ名前のメソッドにOverridesキーワードの指定をして上書きをすることで、外からこのメソッドが呼ばれたときに、上書きされたこのメソッドが実行されます。実行時にブレークポイントを貼って動きを確かめるとよいですね
❹	`Return My.Resources.` `DogCookieSing`	戻り値として、リソースにあるイヌの鳴き声（クッキーの裏側）の画像を設定しています。Visual Basicでリソースファイルにアクセスする場合、**My**を使用します
❺	`Return My.Resources.DogCookie`	戻り値として、リソースにあるイヌ（クッキーの表側）の画像を設定しています。Visual Basicでリソースファイルにアクセスする場合、**My**を使用します

List 3 サンプルコード（Animalクラスを継承したCatクラスの記述例：Cat.vb）

```
Public Class Cat
    Inherits Animal        ' Animalクラスを継承

    Public Property Ear As String = "丸"    ' 耳の形

    Public Overrides Function Sing() As Image
        Return My.Resources.CatCookieSing
    End Function

    Public Overrides Function Reset() As Image
```

```
        Return My.Resources.CatCookie
    End Function
End Class
```

List 4 サンプルコード（Animalクラスを継承したBirdクラスの記述例：Bird.vb）

```
Public Class Bird
    Inherits Animal        ' Animalクラスを継承

    Public Property Beak As String = "三角"     ' 鼻の形

    Public Overrides Function Sing() As Image
        Return My.Resources.BirdCookieSing
    End Function

    Public Overrides Function Reset() As Image
        Return My.Resources.BirdCookie
    End Function
End Class
```

CatクラスとBirdクラスは、Dogクラスと基本は同じで、プロパティとメソッドの中身が異なるだけなので、説明は省略します。最後にこれらのクラスを実際に使う側、インスタンスのコードです。このコードがポリモーフィズムを実現するコードになります。

List 5 サンプルコード（ポリモーフィズムの記述例：Form1.vb）

```
Public Class Form1
❶ Dim animalCookie As Animal  'クラス全体で使えるAnimalクラスのインスタンス変数

    ' 動物クッキー.鳴く() の実装
    Private Sub ButtonSing_Click(sender As Object,
                            e As EventArgs) Handles ButtonSing.Click
❷ animalCookie = New Dog()  ' Dogクラスのインスタンスを設定
❸ PictureBoxDog.Image = animalCookie.Sing()   ' イヌのクッキーの裏側の画像を設定
❹ animalCookie = New Cat()
   PictureBoxCat.Image = animalCookie.Sing()   ' ネコのクッキーの裏側の画像を設定
    animalCookie = New Bird()
```

```
        PictureBoxBird.Image = animalCookie.Sing() ' ヒヨコのクッキーの裏側の画像を設定
    End Sub


    Private Sub ButtonReset_Click(sender As Object,
                             e As EventArgs) Handles ButtonReset.Click
        animalCookie = New Dog()
        PictureBoxDog.Image = animalCookie.Reset()   ' イヌのクッキーの表側の画像を設定
        animalCookie = New Cat()
        PictureBoxCat.Image = animalCookie.Reset()   ' ネコのクッキーの表側の画像を設定
        animalCookie = New Bird()
        PictureBoxBird.Image = animalCookie.Reset() ' ヒヨコのクッキーの表側の画像を設定
    End Sub
End Class
```

表6-21：List5のコード解説

No.	コード	内容
❶	`Dim animalCookie As Animal`	Animalクラスのインスタンス変数をクラス全体で利用できるように設定します
❷	`animalCookie = New Dog()`	Animalクラスのインスタンス変数に継承したDogクラスのインスタンスを生成します。Animalクラスは、共通した部分を抜き出したクラスとも考えらるので、このような代入が可能になります
❸	`PictureBoxDog.Image = animalCookie.Sing()`	「動物クッキーの袋.鳴く()」の概念を実際のコードで書いた例です。下の2つのメソッドのコードも、「animalCookie.Sing()」というまったく同じコードで実装されていますね。まさに呼び出すメソッドを共通化させています。これがポリモーフィズムの実装コードです
❹	`animalCookie = New Cat()` `PictureBoxCat.Image = animalCookie.Sing()`	同じAnimalクラスのインスタンス変数に今度は、Catクラスのインスタンスを設定しています。これにより、その下のコードは、1つ上のコードとまったく同じ（メソッドを呼び出すanimalCookie. Sing()の部分）ですが、実行時のインスタンスが異なるため、結果としてネコの鳴き声を結果として返すことができています

いかがでしたでしょうか。3つとも同じ、

---

animalCookie.Sing() ' 動物クッキーの袋.鳴く()

を呼び出していますが、袋の中身に応じた鳴き声が表示されています。

［鳴く］ボタンをクリックすると、
ポリモーフィズムが実行されます

袋の中身に応じた鳴
き声が表示されます

［元に戻す］ボタンをクリックすると、最
初のクッキーの表側の画像に戻ります

✏️ まとめ

- ◉ ポリモーフィズムは、同じ動作をまとめるため、呼び出す側が楽をできる。
- ◉ ポリモーフィズムは、後から機能を追加しやすくなる利点がある。

⠿ 用語のまとめ

用語	意味
ポリモーフィズム	同じ動作をまとめて、呼び出す側が楽をする仕組み

7 抽象クラス

あらかじめ継承やポリモーフィズムに使われることがわかっている元のクラスで
あっても、きちんとした処理を書かなければならないのでしょうか？　ここでは
「抽象クラス」の概要について説明します。

●抽象クラスって何だろう？

ここまで説明してきた**クラスの継承**や**ポリモーフィズム**では、まず元のクラス（親クラス）を作り、そこから継承やポリモーフィズムを実行してきました。

ただ、例えば、この元のクラス（Animalクラス）の実体を使って、

動物クッキー.鳴く()

と、「鳴く()」メソッドを呼んだときの鳴き声が決まっていませんでした。一般的な動物の鳴き声って、何でしょう？　無理に「ガォー」としても変ですね。

動物クッキー

図6-22：動物クッキーの鳴き声は？

そこで、「元のクラスは実体化させない」といった仕組みが考え出されました。継承関係がある元のクラス（親クラス）で「クラスを実体化しない」、つまり、**インスタンスを持たないようにする仕組み**です。

このような仕組みのクラスを**抽象クラス**と言います。この抽象クラスを用いることで、わざわざ無理な処理を書かなくてもよくなりました。プログラムコードの中で**MustInherit**（マストインヘリット）と書くと、「このクラスは抽象クラスです」という意味になります。

また、メソッドに**MustOverride**（マストオーバーライド）を付けることで、「このメソッドは抽象メソッドです」という意味になります。ただ、抽象メソッドでは、中の処理を書くことができなくなります。これは継承先のメソッドだけで処理を書かせたいためです。

●抽象クラスのサンプルを作成する

それでは、この抽象クラスのサンプルを書いてみましょう。今回は、6.6節で使用したサンプルコードを利用して書き換えてみましょう。「C:¥VB2022_Application¥Chapter6-6」フォルダーをコピーして、「C:¥VB2022_Application¥Chapter6-7」フォルダーを作成してください。

コピーが完了したら、そのフォルダーをたどって、PolymorphismSamples.slnをダブルクリックして起動してください。

Animalクラスを抽象クラスに書き換えます。　　　　の部分は、書き換えをしない部分です。

List 1 サンプルコード（抽象クラスの記述例：Animal.vb）

```
❶
Public MustInherit Class Animal

    ' すべての動物クッキーに共通している値を定義します。

    Public Property Color As String = "茶"              ' 色のプロパティ（自動実装）

    Public Property Smell As String = "コーヒー"         ' 匂いのプロパティ（自動実装）

    Public Property Flavor As String = "チョコレート"     ' 味のプロパティ（自動実装）


    ' 動物の鳴き声
❷
    Public MustOverride Function Sing() As Image

    Public MustOverride Function Reset() As Image

End Class
```

表6-22：List1のコード解説

No.	コード	内容
❶	`Public MustInherit Class Animal`	「このAnimalクラスは抽象クラスです」という意味です
❷	`Public MustOverride Function Sing() As Image`	「Sing()という名前の抽象メソッドがあるので、継承先で実装してください」という意味になります。そのため、End Functionを含めて、メソッドの実装部分は不要になります

なお、インスタンスは、**Newキーワード**の後にクラス名を指定して生成しますが、同じようにNewキーワードの後に抽象クラス名を指定してインスタンスを生成しようとすると、エラーが表示されるのでご注意ください。

```
Dim animalCookie As Animal 'クラス全体で使えるAnimalクラスのイン

' 動物クッキー.鳴く() の実装
0 個の参照
Private Sub ButtonSing_Click(sender As Object, e As EventArgs) H
    animalCookie = New Animal()
```

Class PolymorphismSamples.Animal (+ 1 オーバーロード)

BC30569: 'MustInherit' として宣言されたクラスでは、'New' を使用することはできません。

抽象クラスからインスタンスを生成しようとすると、エラーが表示されます

今回の抽象クラスの説明は、以上になります。

サンプルコードは、親クラスのAnimalクラスを抽象クラスに変更した……のみです。あとから、わかりやすいように、デザイン画面でタイトルに該当するLabelのTextプロパティの内容を「6章6節 ポリモーフィズム」から「6章7節 抽象クラス」に変更しましょう。

 まとめ

◉ 継承やポリモーフィズムの元になるクラスに、無理な処理を書かなくするための工夫として抽象クラスがある。

用語のまとめ

用語	意味
抽象クラス	インスタンスを持たないクラス。そのままでは使用できないため、必ず継承し、継承の元のクラスになる

インターフェイス

8

最初に、クラスの細かい値や動作を決めなくても、後からいろいろな機能をクラスに追加できる「インターフェイス」の仕組みを説明します。

●インターフェイスって何だろう？

　最後に、**インターフェイス**の説明をしましょう。

　パソコンを使っていると、インターフェイスという言葉は、よく耳にすると思います。例えば、ユーザーインターフェイスやUSBインターフェイスなど、身近に多く存在する言葉です。

　このインターフェイスという言葉ですが、広い意味で日本語に訳すと「（規約のある）境界面」という意味になります。

　ちょっと想像しづらいかと思いますので、図にしてみます。

図6-23：装置とパソコンをつなぐUSBインターフェイス

　パソコンのUSBインターフェイス（USBポート）の差込口は、すべて同じ形をしていて、USB＊という**規格**に沿ったマウスやキーボードなど様々な周辺機器の操作に対応します。

　見方を変えると、USBインターフェイスは、パソコンとの**境界面**になります。つまり、USBという同じ「規約」に沿ったマウスなどの機器とパソコンをつなぐ「境界面」になります。この境界面では、同じ規約を持った装置をつなぐことができると言うわけです。

＊**USB**　マウスやキーボード、スキャナなどの周辺機器とパソコンを接続するための規格の１つ。Universal Serial Busの略称。

この考え方をオブジェクト指向プログラミングの世界に応用すると、次のようになります。

・ある規約に沿って操作することができる
・境界面

これらを実現するために、特殊なクラスが考え出されました。「そのクラスには、こんなメソッドとこんなプロパティがあります」という**お約束**（規約）だけが書かれたクラスです。

オブジェクト指向プログラミングでは、このような使用するクラスの操作、つまりクラスの境界面の規約だけを決める特殊なクラスのことを**インターフェイス**と言います。

さて、前に**クラスの継承**について説明しましたが、プログラミング言語の歴史的な流れから、.NETの言語では多重継承を禁止しています。

多重継承とは、親クラス（継承元）が複数存在するようなクラスです。どの機能を継承するとか、優先順位とか、継承の階層が深くなればなるほど、ややこしさがどんどん増してしまい、予想外の実行結果になることもありました。

そこで、複数の親クラス（継承元）を持たなくてもよいように、あらかじめ必要な機能だけを決めてあげて、実際は継承したクラスで細かい値や動作、機能を実現することにしました。これにより、かなりややこしさがなくなりました。

抽象クラスとよく似ているのですが、考え方に違いがあります。

抽象クラス ➡ 自身のインスタンスを作らない（実体化させない）という考え方。クラスなので内部用の変数の記述は可能

インターフェイス ➡ プロパティ、メソッドの名前だけを決めて、細かい値や動作は継承したクラスで行うという考え方。内部用の変数（フィールド）の記述はできない

まぁ、「いろんなアプローチがあるのだなぁ」と思っていただければ結構です。

では、またクッキーに戻って……なかば強引に説明してみましょう。

動物クッキーにさらなるオプションを付けましょう。トッピングです。トッピングにはいろいろな機能があるため、クラスにしてみました。トッピングクラスには、

チョコレートで包む()

などのメソッドがあります。このトッピングクラスを継承してみましょう。

ただし、そうなると、先ほど述べた親クラス（継承元）が複数あるような**多重継承**になってしまいます。

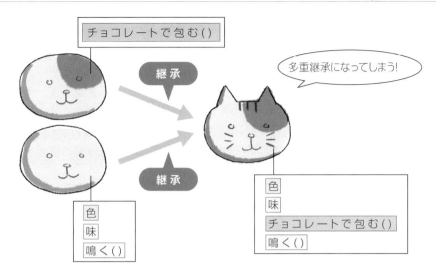

図6-24：トッピングクラスの継承（多重継承）

　そこでクラスとして細かい値や動作を決めなくても、トッピングの部分で必要なことだけ決めておけば、それぞれのネコのクッキー、イヌのクッキー、ヒヨコのクッキーごとに好きなトッピングを選べます。

　このように、オブジェクトに対して使用可能な**メソッド**と**プロパティ**の一覧だけを書くことを**インターフェイス**と言います。「こんなプロパティがあって、こんなメソッドがありますよ」という**規約書**のようなものと思ってください。

上級編
Chapter
6

図6-25：クッキーにトッピング

●インターフェイスのサンプルを作成する

　それでは、インターフェイスのサンプルを作成してみましょう。先ほどの6.7節で使用したサンプルコードを利用して書き換えます。「C:¥VB2022_Application¥Chapter6-7」フォルダーをコピーして、「C:¥VB2022_Application¥Chapter6-8」フォルダーを作成してください。

　コピーが完了したら、そのフォルダーをたどって、PolymorphismSamples.slnをダブルクリックして起動してください。見た目がわかりやすいように、Labelの部分は「6章8節　インターフェイス」に変更しましょう。

　VS Community 2022でのインターフェイスの作成方法は、基本的にクラスの作成方法と同じです。[新しい項目の追加] 画面でクラスの下にあるインターフェイスを選ぶ方法もありますし、ひな形のコードのClassの代わりに**Interface**（インターフェイス）と書き換えると、「このクラスはインターフェイスです」という意味になります。「ITopping.vb」という名前のインターフェースを作成します。

[新しい項目の追加] 画面で [インターフェイス] を選びます

　なお、インターフェイスの名前には、お約束があります。先頭に「I」（大文字のアイ）を加えます。エラーになるわけではないですが、利用するときに、このお約束が守られていると利用する側がわかりやすいので慣習としてこのようになっています。

　以下にトッピングのインターフェイスのコードを書きます。　　　　　の部分は、書き換えをしない部分です。

List 1 サンプルコード（インターフェイスの記述例：ITopping.vb）

```
❶ Public Interface ITopping
❷     Property WrapChocolate As String     ' チョコで包む
  End Interface
```

表6-23：List1のコード解説

No.	コード	内容
❶	`Public Interface ITopping`	「IToppingクラスはインターフェイスです」という意味です
❷	`Property WrapChocolate As String`	「WrapChocolateというString型をやり取りするプロパティがあります」という宣言です。プロパティにチェック処理、初期化処理が必要な場合は、継承したクラスで設定します

　インターフェイスの具体的な機能は、List2に示した継承したクラスで実装します。1つのクラスに値やメソッドを含めず、別のものとして扱うのは、後からまとまった機能を追加しやすいようにするためです。このようにする事で、継承したクラスは追加したい機能を柔軟に加えることができるようになります。

　今回は、AnimalクラスのDogクラスだけにトッピング機能を追加してみましょう。雰囲気を出すために、Dogクッキーの表と裏を「ホワイトチョコ」でトッピングした画像を用意し、VS Community 2022上のプロジェクトのリソースにドラッグ＆ドロップで追加しましょう。コードと関連しているため、設定値は表6-25に記載した通りでお願いします。

表6-24：画像の設定

No.	イメージの名前	設定値
❶	イヌのクッキートッピング表	DogCookieSingWhite.png
❷	イヌのクッキートッピング裏	DogCookieWhite.png

Dogクラスを元に、インターフェイスの継承を追加したコードに書き換えます。　　　　　の部分は、書き換えをしない部分です。

List 2 サンプルコード（インターフェイスの実装部分の記述例：Dog.vb）

```
❶ Public Class Dog
        Inherits Animal              ' Animalクラスを継承
        Implements ITopping          ' 追加でトッピングインターフェイスを継承


        Public Property Nose As String = "丸"     ' 鼻の形

        ' インターフェイスの実装例

        ' インターフェイスを継承すると、実装が終わるまでエラーが出続けます。
❷ Public Property WrapChocolate As String = "ホワイトチョコ" _
                                    Implements ITopping.WrapChocolate


        Public Overrides Function Sing() As Image
❸           Return If(TypeOf Me Is ITopping, My.Resources.DogCookieSingWhite,
                            My.Resources.DogCookieSing)
        End Function


        Public Overrides Function Reset() As Image
            Return If(TypeOf Me Is ITopping, My.Resources.DogCookieWhite,
                            My.Resources.DogCookie)
        End Function
End Class
```

表6-25：List2のコード解説

No.	コード	内容

❶	Public Class Dog
	    Inherits Animal
	    Implements ITopping
		インターフェイスの具体的な機能は、この継承したクラスで実装します。Dogクラスは、Animalクラスの機能と、IToppingクラスの2つの機能を継承したクラスということになります。インターフェイスを実装するクラスは、Implementsの後に実装するインターフェイスを書きます。なお、インターフェイスの実装が完了するまでエラーがでますがあまり気にしない方がよいです

❷	Public Property WrapChocolate As String = "ホワイトチョコ" _ Implements ITopping. WrapChocolate	インターフェイスを継承したクラスでプロパティの実装をしています。ここでは初期値を実装しています

❸
```
Return If(TypeOf Me Is
ITopping,My.Resources.
DogCookieSingWhite,
My.Resources.DogCookieSing)
```

リターン値にクッキーを返す設定です。**If演算子**(いわゆる三項演算子)を利用して、1文で記述しています。**Me**は自分自身のクラスを指しています。Is演算子は、型を確認できる演算子です。型を比較したい場合は、TypeOfを利用します。つまり、「TypeOf Me Is ITopping」は「DogクラスはIToppingを含んだクラスですか?」という判定をしています。今回はIToppingインターフェイスが継承されているので、If演算子の第2引数に書いてある処理「Resources.DogCookieSingWhite」が戻ってきます。IToppingが継承に含まれていない場合は、If演算子の第3引数の処理「Resources.DogCookieSing」が戻ってきます

　Dogクラスは、親クラスとなるAnimalクラスを継承するとともに、IToppingインターフェイスからも使用可能なメソッドとプロパティを継承しています。

　Form1のコードは、まったく変更していません。そのまま実行すると、次のような画面になります。

　なお、**If演算子**(いわゆる三項演算子)を使ってインターフェイスの使用の判定を行っているので、Dogクラスのトッピングの継承部分をコメントにして、もう一度実行してみましょう。

Tips　If演算子

　If演算子(いわゆる三項演算子)は、Excelの関数のようなイメージで、条件に応じて処理を並べて書ける方法です。同じ処理は、If文でも実現できますが、コード量がかなり少なくなるので覚えておきましょう。

If演算子の使い方

> If（条件判定，条件判定がTrueの時の処理，条件判定がFalseの時の処理）

「If（項目1, 項目2, 項目3）」というように、3つの項目が必要な演算子なので、三項演算子と言います。先ほどのサンプルコードをIf文で表現すると、このようになります。

▼If演算子で書いた処理

```
Return If(TypeOf Me Is ITopping,
  My.Resources.DogCookieSingWhite, My.Resources.DogCookieSing)
```

▼If文で書いた処理

```
If TypeOf Me Is ITopping Then          ' このクラスはITopping を含みますか？
    Return My.Resources.DogCookieSingWhite ' True の場合、こちらをリターン
Else
    Return My.Resources.DogCookieSing       ' False の場合、こちらをリターン
End If
```

Dogクラスで ITopping インターフェイスの実装を表す部分をコメントにしましょう。

List 3 サンプルコード（インターフェイスの継承をコメントにする：Dog.vb）

```
Public Class Dog
    Inherits Animal       ' Animalクラスを継承
    'Implements ITopping ' 追加でトッピングインターフェイスを継承
    Public Property Nose As String = "丸"    ' 鼻の形
    ' インターフェイスの実装例
    ' インターフェイスを継承すると、実装が終わるまでエラーが出続けます。
    Public Property WrapChocolate As String = "ホワイトチョコ" ' Implements
ITopping.WrapChocolate
```

実行してみると、インターフェイスの継承がない処理になります。

クラスやインターフェイスをうまく利用すると、少ないコードの変更量でいろんなことが実現できるようになると感じていただければと思います。

まとめ

◉ **インターフェイスを使うと、いろいろな機能を後から追加しやすい。**

∷用語のまとめ

用語	意味
インターフェイス	クラスの境界面の規約だけを決める特殊なクラスのこと

上級編
Chapter
6

Column 新人クンからの質問（データ型について）

　データ型について、新人クンから「最大のデータ型に入れておけば、それで事足りるのでは？」と質問されました。たしかに整数であれば、すべてLong型を使えば考えなくていいので楽ですね。しかし、Long型を使っている間、PCのメモリをInteger型よりも多く使用します。最近ではメモリも大きくなったのですが、その分、アプリケーションを同時にいくつも実行していますよね。その1つ1つがメモリを無駄に消費してしまうことになります。……ということで、お作法として、必要最小限のデータ型を使うようにしましょう。

　そのほか、開発現場で気を付けるデータ型としては、「1.2」などの小数を扱いたいときは基本的にDouble型、お金などの誤差があっては困るときは、Decimal型を使用します。

⓬以下は、Animalクラスのプロパティとメソッドを持った変数aniを宣言するサンプルコードです。

```
Dim ani As [_____]
```

⓭以下は、宣言した変数aniに対してAnimalクラスのインスタンスを作成して、代入するコードです。

```
ani = [_____] Animal()
```

⓮オブジェクトの中に処理とデータを隠し、オブジェクトを操作するために必要な処理のみ外部に公開することを[_____]と呼ぶ。

⓯自分以外のクラスに見えるようにするか、しないかを指定するコードを[_____]と呼ぶ。

⓰共通部分を抜き出して作成した元になるクラスから新しいクラスを作成することを[_____]と呼ぶ。

⓱以下は、Animalクラスを継承したCatクラスのコードです。

```
Public Class Animal
    ' クラスの内部のコード
End Class


Public Class Cat
    [_____] Animal
    ' クラスの内部のコード
End Class
```

⓲クラスの動作に着目し、同じ動作をまとめて、呼び出す側が楽をする仕組みを[_____]と呼ぶ。

⓳継承関係がある元となるクラスで「クラスを実体化しない」、つまりインスタンスを持たないようにする仕組みを持ったクラスを[_____]と呼ぶ。

⓴以下は、Animal抽象クラスのサンプルコードです。

```
Public [_____] Class Animal
    ' クラスの内部のコード
End Class
```

㉑オブジェクトに対して使用可能なメソッドとプロパティの一覧だけを示すクラスを[_____]と呼ぶ。

22 以下は、ITopping インターフェイスのサンプルコードです。

```
Public [          ] ITopping
    Sub WrappChocolate()  ' チョコレートで包む
End [          ]
```

23 以下は、Animal クラスと、ITopping インターフェイスを継承した Cat クラスサンプルコードです。

```
Public Class Cat
    Inherits Animal
    Implements [          ]

    Public Property WrapChocolate As String = "白" Implements ITopping.
WrapChocolate
End Class
```

オブジェクト指向
プログラミングが
わかったかな？

Chapter 7

難しいアプリケーションの 作成に挑戦

Visual Basicの基盤となる.NETには用意されていないライ ブラリを利用したり、オブジェクト指向の考え方を使ったアプ リケーションを作ってみましょう

 このChapterの目標

- ☑ オープンソースのライブラリを取り込んで使うことに慣れる。
- ☑ 流行りのSlackに投稿するアプリケーションをVisual Basicで作 成する。
- ☑ オブジェクト指向を使うと、便利になる。
- ☑ Visual Basicでグラフィックを書いてみる。
- ☑ 最新のVisual Basicの書き方で、書くコード量が少なくなること を体験する。

「CSVの読み書きアプリ」の作成

世の中の技術の進歩は、とても速いです。Visual Basicでは便利な機能を開発環境に取り込んで利用することができます。ここでは.NETにはない機能を追加して利用する例を見てみましょう。

●NuGetで便利なライブラリを探してみよう

　誰でも無償で利用できるソフトウェアのことを**OSS**※といいます。コードが公開されており、改変や再配布も自由に許可されています。しかし、便利な機能があるOSSを探すのは結構、大変です。

　Visual Studio Community 2022（本章では以降、VS Community 2022と表記します）では、そのOSSを探してソリューションに追加する便利ツールがあります。そのツールの名前を**NuGet**（ヌゲット、ニューゲット）と呼びます。

　CSV※形式のファイルは、かなりの頻度で利用します。CSVファイルの読み書きを、Visual Basicのコードですべて実装することもできますがコード量が多くなります。そこで、NuGetからCSVのオープンソースを探して、プロジェクトに組み込んで利用してみましょう。

　いつもの手順で「**CSVの読み書きアプリ**」を作っていきますが、手順❹でNuGetの利用の仕方を含めて説明します。

●手順① 「CSVの読み書きアプリ」の完成イメージを絵に描く

　「CSVの読み書きアプリ」の特徴を、以下にいくつか挙げてみましょう。

　・CSVファイルを読み込む（取得）。
　・Excel表のようなものに取り込んだCSVファイルを表示する。
　・その表で編集できる。
　・編集した結果をCSVファイルに書き込む（出力）。

　これらの特徴を踏まえて、完成イメージを紙に描いてみます。

※**OSS**　Open Source Software（オープンソースソフトウェア）の略。無償で誰でも自由に改変、再配布が可能なソフトウェアのこと。
※**CSV**　Comma Separated Values（カンマセパレーティドヴァリューズ）の略。カンマ「,」で区切られた（＝Separated）値（＝Values）のことで……そのままですね。

図7-1：「CSVの読み書きアプリ」の完成イメージを絵に描く

●手順② 「CSVの読み書きアプリ」の画面を作成する

参考までに、完成した画面は次のようになります。

VS Community 2022を起動し、[新しいプロジェクトの作成] をクリックしてください。

[新しいプロジェクトの作成] 画面が表示されますので、上部検索ボックスに「winforms」と入力します。その下の一覧に [Windows フォームアプリ] が表示されます。Visual Basic 用のアプリを選択し、[次へ] ボタンをクリックします（[Windows フォームアプリケーション(.NET Framework)] ではありません）。

[新しいプロジェクトを構成します] 画面が表示されますので、プロジェクト名に、「CsvReadWrite」と入力してください。また、保存する場所はどこでもかまいませんが、支障がなければ「C:¥VB2022_

Application￥Chapter7-1」としてください（「VB」は、Visual Basicの略です）。

❶ ［プロジェクト名］欄に「CsvReadWrite」と入力します

❷ ［場所］欄には保存先のフォルダーを指定します。支障がなければ「C:￥VB2022_Application￥Chapter7-1」としてください

❸ ［次へ］ボタンをクリックします

［追加情報］画面ではデフォルトのまま、［.NET 7.0（標準用語のサポート）］を選びます。

❶ ［.NET 7.0（標準用語のサポート）］を選びます

❷ ［作成］ボタンをクリックします

　これでWindowsフォームアプリケーションのひな形ができました（表示されるまでに、少し時間がかかります）。

それでは、手順❶で描いた絵を見ながら、コントロールを配置していきます。ここまでの画面イメージは、次のようになります。変わったコントロールを優先的に表示しました（TextBoxコントロール、Buttonコントロールは省略しています）。

図7-2：ツールボックスからコントロールを選んで割り当てる

　Excelの表のように表示できるコントロールは［データ］の配下にある**DataGridViewコントロール**を利用します。

また、CSVファイルを取得するコントロールは［ダイアログ］の配下にある**OpenFileDialogコントロール**、CSVファイルを出力するコントロールは、同じく［ダイアログ］の配下にある**SaveFileDialogコントロール**を利用します。

●手順③ 画面のプロパティや値を設定する

それぞれのコントロールの名前やサイズなどのプロパティを設定しましょう。

表7-1：コントロールとプロパティの設定

No.	コントロール名	プロパティ名	内容
❶	Formコントロール	Textプロパティ	CSVの読み書き
❷	TextBoxコントロール	(Name)プロパティ	TextBoxInputCSVFileName
		Anchorプロパティ	Top, Left, Right
❸	Buttonコントロール	(Name)プロパティ	ButtonCsvRead
		Textプロパティ	CSV取得
		Anchorプロパティ	Top, Right
❹	DataGridViewコントロール	(Name)プロパティ	DataGridViewCsv
		Anchorプロパティ	Top, Bottom, Left, Right
❺	TextBoxコントロール	(Name)プロパティ	TextBoxOutputCSVFileName
		Anchorプロパティ	Bottom, Left, Right

❻	Buttonコントロール	(Name)プロパティ	ButtonCsvWrite
		Textプロパティ	CSV出力
		Anchorプロパティ	Bottom, Right
❼	OpenFileDialog コントロール	(Name)プロパティ	OpenFileDialogCsv
		FileNameプロパティ	*.csv
		InitialDirectoryプロパティ	.¥
❽	SaveFileDialog コントロール	(Name)プロパティ	SaveFileDialogCsv
		Filterプロパティ	CSVファイル |*.csv| すべてのファイル |*.*
		InitialDirectoryプロパティ	.¥

❽の**Filterプロパティ**は、拡張子が.csvとなっているファイルのみを表示する設定を行っています。Filterプロパティは指定に独特のお作法があり、「説明文　| 拡張子」という形式で指定します。

今回の「CSVファイル |*.csv| すべてのファイル |*.*」という設定は、CSVファイル (.csv)とすべてのファイル (.*)を選択できるようにした設定となります。

Filterプロパティで「CSVファイル |*.csv| すべてのファイル |*.*」を設定した場合の画面は、次のようになります。

また、**InitialDirectoryプロパティ**は、ダイアログを起動するときに開くフォルダの位置を指定しています。「.¥」は、実行している.exeと同じ位置を示しています。

●手順④ CSVを利用する準備を行う

いよいよオープンソースで公開されているVisual BasicのCSVライブラリを利用する準備をします。この手順④で、NuGetを使用します。

■ NuGetを管理する［ソリューションのNuGetパッケージの管理］を開く

② CSVライブラリを検索する

① ［ソリューションのパッケージの管理］画面が表示されます。上部のタブで［参照］を選択します

② 検索ボックスに「CSV」と入力します

3 [Csv] を選択し、インストールする

❶ 検索結果から [Csv] を選択します

❷ [プロジェクト] と [CsvReadWrite] にチェックを入れます

❸ 上記❷の操作で [インストール] ボタンがクリックできるようになるので、クリックします

4 [変更のプレビュー] 画面が表示される

[変更のプレビュー] 画面が表示されます。[OK] ボタンをクリックします

⑤インストールされたことを確認する

❶ 再び、[ソリューションのパッケージの管理] 画面が表示されます。[最新の状態に更新] アイコン ↻ をクリックして画面を最新化します

❷ 右側の表示にバージョンの情報が追加されます

❸ [インストール] ボタンはクリックできなくなりますが、[アンインストール] ボタンがクリックできるようになります

❹ ソリューションエクスプローラーの依存関係を展開すると [パッケージ] の下に [Csv] があります

●手順⑤ コードを書く

手順❹までで、NuGetを利用して、OSSのCsvライブラリがソリューションエクスプローラーで利用できるようになりました。画面もできましたので、コードを書いていきましょう。

ボタンが2つありますので、それぞれクリックして、2つのイベントハンドラーを作成します。

[CSV取得] ボタンのClickイベントでは、**ButtonCsvRead_Click() イベントハンドラー**、[CSV出力] ボタンのClickイベントでは、**ButtonCsvWrite_Click() イベントハンドラー**を作成します。

[CSV取得] ボタンをクリックしたとき、[CSV出力] ボタンをクリックしたときの処理をフローチャートにすると、次のようになります。

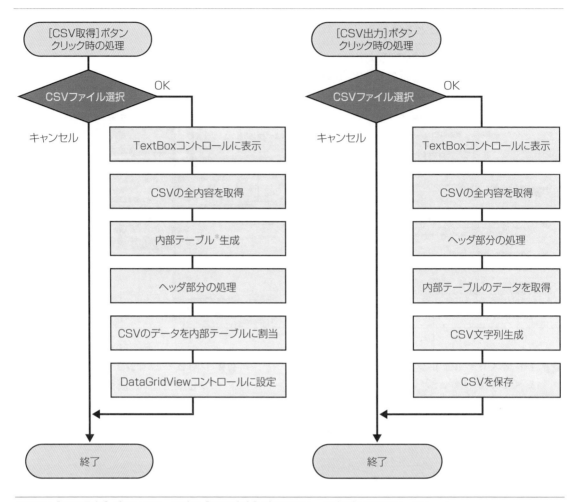

図7-3：[CSV取得] ボタンクリック時と [CSV出力] ボタンクリック時の処理のフローチャート

　今回のコードのポイントは、NuGetで取得した**OSSのCsvのライブラリの利用**になります。コード中の、「CsvReader」「CsvWriter」がCsvのライブラリのコード部分です。　　　　の部分は、自動で記述される部分です。

List 1　サンプルコード（[投稿] ボタンをクリックしたときの処理：Form1.vb）

```
Imports System.IO    ' File を使うのに必要
Imports System.Text  ' Encoding を使うのに必要
❶ Imports Csv             ' ライブラリ Csv を使うのに必要


Public Class Form1
    ' 内部でデータを保持するテーブルを用意します。
```

＊**テーブル**　データセット（複数の値を持っているオブジェクト）の中に準備される変数群の一覧表のこと。データテーブル（DataTable）とも言う。一覧表の縦の並びのことをカラム（Column）、横の並びのことをロー（Row）と呼ぶ。

```
❷ Dim dataTable As New DataTable()


' CSV取得ボタンクリック時の処理
Private Sub ButtonCsvRead_Click(sender As Object,
                            e As EventArgs) Handles ButtonCsvRead.Click
    ' ファイルを開くウィンドウで CSVファイルを選択し、OKボタンをクリックしたとき
    If (OpenFileDialogCsv.ShowDialog() = DialogResult.OK) Then
        ' ファイルを開くウィンドウで選んだ CSVのファイル名をテキストボックスに反映
        TextBoxInputCSVFileName.Text = OpenFileDialogCsv.FileName
        ' ファイルの全内容を文字列に読み込みます。
        ' 日本語が読み込めるように、文字はUTF8でエンコードします。
❸      Dim csv = File.ReadAllText(OpenFileDialogCsv.FileName,
                                       Encoding.UTF8)
❹      dataTable.TableName = "CSVTable"      ' 内部でテーブルを生成します。
        dataTable.Columns.Clear()             ' 内部テーブルのヘッダーを初期化
        dataTable.Clear()                     ' 内部テーブルのデータを初期化


        ' CSVからヘッダー部分のデータを取得し、内部のテーブルのカラムに設定
        ' csvから1行取得し、結果をline変数に入れる
❺      For Each line In CsvReader.ReadFromText(csv)
            ' 1行分のデータのヘッダーの情報を取り出す
❻          For Each item In line.Headers
❼              dataTable.Columns.Add(item) ' 内部のテーブルのカラムに設定
            Next
❽          Exit For ' 2列目以降のデータもカラム名は同じなので CSVの読み込みを終了
        Next
        ' 読み込んだcsvのデータを、内部のテーブルに割り当てる
        ' もう一度csvから1行取得し、結果をline変数に入れる
❾      For Each line In CsvReader.ReadFromText(csv)
❿          dataTable.Rows.Add(line.Values)        ' 1レコード分まとめて設定
        Next
        ' 表示用のDataGridViewに内部のテーブルを割当
⓫      DataGridViewCsv.DataSource = dataTable
    End If
End Sub
```

```
' CSV出力ボタンクリック時の処理
Private Sub ButtonCsvWrite_Click(sender As Object,
                                  e As EventArgs) Handles ButtonCsvWrite.Click
    ' ファイルを保存するウィンドウでCSVファイルを選択し、OKボタンをクリックしたとき
    If (SaveFileDialogCsv.ShowDialog() = DialogResult.OK) Then
        ' ファイルを保存するウィンドウで選んだCSVのファイル名をテキストボックスに反映
        TextBoxOutputCSVFileName.Text = SaveFileDialogCsv.FileName
        ' headerという変数に内部のテーブルのカラム名を設定
⑫      Dim header(dataTable.Columns.Count - 1) As String
        ' カラムの数だけループしてカラムのデータを設定
⑬      For i = 0 To dataTable.Columns.Count - 1
⑭          header(i) = dataTable.Columns(i).ColumnName
        Next
        ' newLineという変数に内部のテーブルを表のイメージ（2次元配列）で設定
⑮      Dim newLine(dataTable.Rows.Count - 1)() As String
        ' データの数分ループして、データを取得
⑯      For i = 0 To dataTable.Rows.Count - 1
⑰          ReDim newLine(i)(dataTable.Columns.Count - 1)
            ' 該当するカラム、列の値を内部のテーブルから、newLineに設定
⑱          For j As Integer = 0 To dataTable.Columns.Count - 1
                ' Nothing（DBの値がnull）の場合は、""としてnewLineに設定
⑲              newLine(i)(j) = IIf(Convert.IsDBNull(dataTable.Rows(i)(j)),
                                    "", dataTable.Rows(i)(j))
            Next
        Next
        ' データからCSV形式の文字列を生成します
⑳      Dim outcsv = CsvWriter.WriteToText(header, newLine)
        ' FileNameという名前で、outcsvの値を保存します。文字はUTF8でエンコードします。
㉑      File.WriteAllText(SaveFileDialogCsv.FileName, outcsv, Encoding.UTF8)
    End If
End Sub
End Class
```

360

表7-2：List1のコード解説

No.	コード	内容
❶	Imports Csv	NuGetで取得したOSSのCsvのライブラリの名前空間を指定しています。この記述は自動で設定されるときもあります。この記述をすることで、本来のCsvのライブラリは、「Csv.CsvReader.ReadFromText」と記述するところを、この**Importsキーワード**を書くことによって、名前空間部分のCsvの記述を省略できます
❷	Dim dataTable As New DataTable()	読み込んだCSVの内容をテーブル (DataTable) の形で覚えておくために用意しています。2つのイベントハンドラーのメソッドから呼び出すため、メソッドの内部ではなくクラスに置いています
❸	Dim csv = File.ReadAllText (OpenFileDialogCsv.FileName, Encoding.UTF8)	「File.ReadAllText (ファイル名)」で、ファイル名で指定したファイルを読み込んですべての内容を変数csvに代入しています。つまり変数csvの内容は、読み込んだCSVファイルの中身と同じです。「ReadAllText()」の第2引数は、文字のエンコードを意味しています。簡単にいうと、日本語が表示できるようにしています
❹	dataTable.TableName = "CSVTable"	内部のテーブルに名前を付けています
❺	For Each line In CsvReader.ReadFromText(csv)	変数csvの内容を内部のテーブルに反映するための**For Eachループ文**※の二重ループになります。こちらの外側のループでは、変数csvから1行のデータを読み込んで変数lineに入れています。例えば、「1,2,3」という値が変数lineに入っています
❻	For Each item In line.Headers	二重ループの内側の処理です。変数lineからヘッダーの情報を取り出して、変数itemに代入します。例えば、CSVの1行目のデータ「データ1, データ2, データ3」という値が変数lineに入り、変数itemには、「データ1」から順に値が入ります
❼	dataTable.Columns.Add(item)	取り出した変数itemの値、つまりヘッダーの値を内部のテーブルのカラム部分に設定します
❽	Exit For	ここで処理を終わらせて、外側のFor Eachループ文を抜けます。ここで処理を抜けないと、次のレコードを読んで、そのヘッダー情報を取得しても同じ値をカラムに設定することになり、すでに存在するというエラーになるためです

※**For Eachループ文** データセットや配列に含まれるデータ (要素) を取り出して、同じ処理を繰り返し行うループ処理。「For Each (データ型名 変数名 in 取り出す元のオブジェクト){ 繰り返す処理 }」と記述する。

⑨	`For Each line In CsvReader.` `ReadFromText (csv)`	**⑤**と同じループです。今回は変数csvの中身を内部のテーブルに取得する処理です
⑩	`dataTable.Rows.Add(line.Values)`	CSVから1レコード分取り出した値をそのままテーブルのローとして代入します。例えば、「1,2,3」という値が変数lineに入っていたとき、まとめて3つの値を割り当てます。まとめて処理ができるので、内側のループ分が不要になります
⑪	`DataGridViewCsv.DataSource =` `dataTable`	CSVから取得した値をテーブルの状態にしたものをDataGridViewコントロールに表示するデータとして割り当てます。この際、DataSourceプロパティが表示するテーブル形式のデータとなりますので、そちらと内部テーブルを関連付けします。これにより、DataGridViewコントロールで変更した値がdataTableに反映されるようにもなります。
⑫	`Dim header(dataTable.Columns.Count -` `1) As String`	String型の変数を( )(丸括弧)の内部で書かれた数だけまとめて確保します。同じデータ型でまとめて扱う仕組みを**配列**といいます
⑬	`For i = 0 To dataTable.Columns.Count` `- 1`	dataTable.Columns.Countでカラムの数がわかります。このループはカラムの数だけループして、iの値が変化します。iのデータ型 As Integerはイコール0の値から、Integer型だと推論できるため省略可能です。
⑭	`header(i) = dataTable.Columns(i).` `ColumnName`	CSVのヘッダーにしたいので、内部のテーブルからカラム名を取得しています。ループ文を使ってDataGridViewコントロールにあるすべてのカラム名をheaderに取り込んでいます
⑮	`Dim newLine(dataTable.Rows.Count -` `1)() As String`	newLineにDataGridViewコントロールに紐づいた内部テーブルのデータを表形式で取得したいので、文字列を二次元の配列として定義しています。この書き方は正確には配列の要素が配列になる書き方です
⑯	`For i = 0 To dataTable.Rows.Count -` `1`	Forループ文の終了値がデータの数分であることを示しています
⑰	`ReDim newLine(i)(dataTable.Columns.` `Count - 1)`	newLineのi番目の配列の要素に、配列を設定しています。カラム数分の文字列の配列を設定しています。このあたりは、後ほど図で解説します。**ReDimステートメント**は、配列の配列に該当する部分を最再定義する場合に宣言として記載します

⑱	`For j = 0 To dataTable.Columns.Count - 1`	内側のループで内部のテーブルをカラムの方向にループしています
⑲	`newLine(i)(j) = IIf(Convert.IsDBNull (dataTable.Rows(i)(j)), "", dataTable.Rows(i)(j))`	DataGridViewコントロールに紐づいた内側のテーブルから1つ1つデータを取り出して、newLineの該当する場所に設定しています。**IIf関数**は、IIf(評価する式, Trueの場合, Falseの場合)という書き方をします。If文で表現することも可能ですが、IIf関数を使うと1行ですっきりコードが書けますね。Convert.IsDBNull()は、カラムのデータがない時に、DBNullというデータベース目線でのnull値になるため、その対策となります
⑳	`Dim outcsv = CsvWriter.WriteToText (header, newLine)`	ここまでの処理で作成したヘッダーの値と、CSVの表イメージのデータをCSV形式のデータにして返します
㉑	`File.WriteAllText(SaveFileDialogCsv. FileName, outcsv, Encoding.UTF8)`	保存するファイル名で、CSVのデータを保存します。日本語が扱えるように文字をエンコードしています

　文字の説明では、イメージがわきづらいと思いますので、コードと変数、その変数へのデータの取得の様子を図にしてみました。

　まず［CSV取得］ボタンクリック時の処理イメージは、次ページの図7-4、図7-5、図7-6のようになります。

● ［CSV取得］ボタンクリック時の処理

❸❹の処理イメージは、次の通りです。

図7-4：❸❹の処理イメージ（［CSV取得］ボタンクリック時の処理）

❺❻❼❽の処理イメージは、次の通りです。

図7-5：❺❻❼❽の処理イメージ（［CSV取得］ボタンクリック時の処理）

さらに、❾❿⓫の処理イメージは、次の通りです。

図7-6：❾❿⓫の処理のイメージ（[CSV取得] ボタンクリック時の処理）

続いて [CSV出力] ボタンクリック時の処理イメージは、図7-7、図7-8、図7-9のようになります。

● [CSV出力] ボタンクリック時の処理

⓬⓮の処理のイメージは、次の通りです。

図7-7：⓬⓮の処理のイメージ（[CSV出力] ボタンクリック時の処理）

⓯⓱⓳の処理のイメージは、次の通りです。

図7-8：⓯⓱⓳の処理のイメージ（[CSV出力] ボタンクリック時の処理）

最後の⓴㉑の処理のイメージは、次の通りです。

図7-9：⓴㉑の処理のイメージ（[CSV出力] ボタンクリック時の処理）

●手順⑥ 動かしてみる

動かすために、テスト用のCSVファイルを作成します。せっかくですので、VS Community 2022で CSVファイルを作成しましょう。

■CsvReadWriteプロジェクトに新しい項目を追加する

> ソリューションエクスプローラーの CsvReadWriteを右クリック➡[追加]➡[新しい項目]を選択します

■すべてのテンプレートを表示する

> [新しい項目の追加]画面が表示されます。[すべてのテンプレートの表示]ボタンをクリックします

3 CSVファイル名を設定する

❶ ［新しい項目の追加］画面が表示されます。左の項目から［全般］を選択します

❷ 一覧から［テキストファイル］を選択します

❸ ［名前］欄に「CSVSample.csv」を入力します

❹ ［追加］ボタンをクリックします

4 CSVSample.csvファイルに実際の値を入力する

エディタが起動したら、List2のサンプルデータを入力します

List 2 サンプルデータ（csvファイルにCSVの値を入力：CSVSample.csv）

```
データ1,データ2,データ3

1,2,3

10,20,30
```

　「データ1,データ2,データ3」が項目名、いわゆるヘッダー項目です。「1,2,3」からがデータになります。それぞれ半角の「,」(カンマ)で区切ります。項目の数とデータの数は、一致させてください。データの値や数はいくつでもよいですが、まずはこの値で確認しましょう。

　サンプルのCSVファイルの準備ができましたので、実行して確認しましょう。ツールバーの[▶ CsvReadWrite]ボタンをクリックして、実際に動かしてみましょう。

　最初に考えたイメージ通り動作するかを確認するために、チェック項目を作ってみました。みなさんも同じようにチェックしてみてください。

表7-3：「CSVの読み書きアプリ」のチェック項目

No.	特徴	実行したときの画面	コメント	チェック結果
❶	初期表示がイメージの通り		初期表示された	OK？
❷	[CSV取得]ボタンをクリックすると、CSVSample.csvが選択できる		CSVSample.csvが選択された	OK？
❸	CSVSample.csvを選択すると、DataGridViewコントロールに結果が反映される		結果が反映された	OK？
❹	DataGridViewコントロールに結果が反映された状態で、縦横の大きさを変えても綺麗に表示される		縦横の大きさを変えても綺麗に表示された	OK？
❺	DataGridViewコントロールに表示されている値をいくつか更新した後に[CSV出力]ボタンをクリックする		[CSV出力]ボタンをクリックできた	OK？
❻	出力するファイル名を「CSVSampleOut.csv」にして、出力されたCSVファイルの内容を確認する		内容に問題はなかった	OK？

上級編
Chapter
7

まとめ

● **VS Community 2022には、OSSを探してソリューションに追加する便利なNuGet という仕組みが用意されている。**

用語のまとめ

用語	意味
OSS	Open Source Softwareの略。無償で誰でも自由に改変、再配布が可能な ソフトウェアのこと

Column null を許すデータ型

　通常、Visual Basicで使うデータ型は、入れられる値が決まっていて、Integer型であれば、0や100といった整数値しか入れることができませんし、Boolean型であれば、TrueとFalseの2つの値しか入れられません。

　ところが、データベースの世界では「まだまったく何も値が入っていない状態」を示すためにnull（ヌル）という概念があります。Visual Basic 2005から、そのあたりのわだかまりを解消するために、nullを指定できるデータ型が用意されました。そのデータ型がnull許容型です。

　null許容型の宣言には、いろいろな方法があるのですが、最も簡単なのが、以下のようにデータ型の部分に「？」を付けて表現する方法です。

```
Dim flag As Boolean?    ' null許容 Boolean型の宣言
Dim count As Integer?   ' null許容 Integer型の宣言
flag = Nothing    ' null許容 Boolean型の変数 flag に null値（=Nothing）を代入
count = Nothing ' null許容 Integer型の変数 count に null値（=Nothing）を代入
```

　覚え方としては、「なんだか頼りなさそうな型の指定だな〜」と、イメージしていただければよいかと思います。(^-^)　Visual Basicの世界は、奥が深いですね(^〜^;)

「Slack投稿アプリ」の作成

「Slack投稿アプリ」を作成します。インターネット上では、多くのサービスが提供されていますが、これらのサービスを.NETアプリケーションから利用する場合にどうすればいいかを見ていきましょう。

●手順① 「Slack投稿アプリ」の完成イメージを絵に描く

「Slack投稿アプリ」の特徴と、完成イメージを絵に描いてみましょう。

少し面倒ですが、あらかじめイメージを固めておくことで、完成したアプリの出来をチェックできます。最初のうちは、いろいろと描いてみてください。

> ・Slackへ投稿する内容を入力できる。
> ・［投稿］ボタンをクリックすると、入力したテキストの内容をSlackへ送信し、結果として、Slackへの投稿を行う。

図7-10：「Slack投稿アプリ」の完成イメージを絵に描く

●手順② 「Slack投稿アプリ」の画面を作成する

参考までに、完成した画面は次のようになります。

上級編
Chapter
7

VS Community 2022を起動し、[新しいプロジェクトの作成]をクリックしてください。

[新しいプロジェクトの作成]画面が表示されますので、上部検索ボックスに「winforms」と入力します。その下の一覧に[Windowsフォームアプリ]が表示されます。Visual Basic用のアプリを選択し、[次へ]ボタンをクリックします（[Windowsフォームアプリケーション(.NET Framework)]ではありません）。

[新しいプロジェクトを構成します]画面が表示されますので、プロジェクト名に、「SlackPost」と入力してください。また、保存する場所はどこでもかまいませんが、支障がなければ「C:¥VB2022_Application¥Chapter7-2」としてください（「VB」は、Visual Basicの略です）。

[追加情報]画面ではデフォルトのまま、[.NET 7.0（標準用語のサポート）]を選びます。

これでWindowsフォームアプリケーションのひな形ができました（表示されるまでに、少し時間がかかります）。

ひな形（フォーム）がデザイン画面に表示されます

それでは、先ほど手順❶で描いた完成イメージの絵を元にして、最適なコントロールを選び、Windows
フォームに貼り付けていきましょう。

図7-11：ツールボックスからコントロールを選んで割り当てる

画面の作成自体には、特に難しい点はありません。これまでの知識で作成してください。

●手順③ 画面のプロパティや値を設定する

まずは、それぞれのコントロールの名前やサイズなどのプロパティを設定しましょう。

表7-4：コントロールとプロパティの設定

No.	コントロール名	プロパティ名	内容
❶	Form コントロール	Text プロパティ	Slack 投稿
		Size プロパティ	300, 300
❷	TextBox コントロール	(Name) プロパティ	TxtPost
		Multiline プロパティ	True
❸	Button コントロール	(Name) プロパティ	ButPost
		Text プロパティ	投稿

●手順④ Slack を利用する準備を行う

　アプリから Slack に投稿を行う場合には、Slack 側で許可を設定する必要があります。そのために、Slack で **Incoming Webhook*** の設定が必要です。ここで、Slack の Incoming Webhook の設定をしておきましょう。

　Slack ワークスペースにはすでに参加していることを前提として解説しますので、Slack のワークスペースに参加されてない方はあらかじめ参加しておいてください。

1 slack api にアクセスする

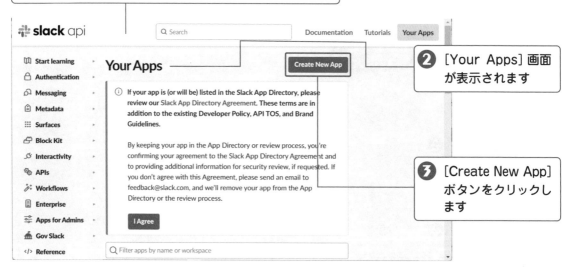

❶ Slack に Web ブラウザでサインインした状態で、「https://api.slack.com/apps」にアクセスします

❷ [Your Apps] 画面が表示されます

❸ [Create New App] ボタンをクリックします

＊**Incoming Webhook**　外部アプリから Slack にメッセージを投稿することができる仕組み。

2 [Create an app] 画面が表示される

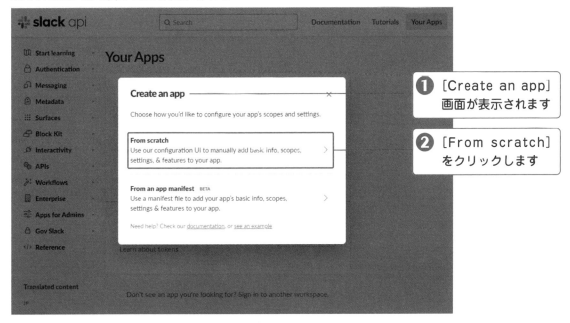

❶ [Create an app] 画面が表示されます

❷ [From scratch] をクリックします

3 [Name app & choose workspace] 画面が表示される

❶ [Name app & choose workspace] 画面が表示されます

❷ [App Name] 欄に名前を入力します。ここでは、「tsukutteoboeru app」としています

❸ [Pick a workspace to develop your app in:] 欄に、投稿したいワークスペースを選択します。ここでは、「tsukutteoboeru」ワークスペースを選択しています

❹ [Create App] ボタンをクリックします

上級編
Chapter
7

⁴ [Basic Information] 画面が表示される

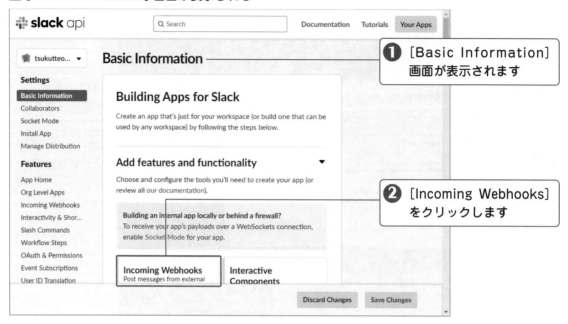

❶ [Basic Information] 画面が表示されます

❷ [Incoming Webhooks] をクリックします

⁵ [Incoming Webhooks] 画面が表示される

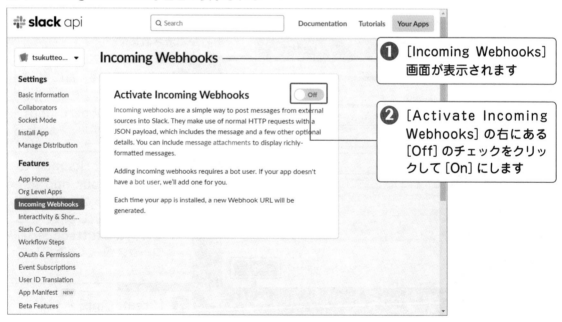

❶ [Incoming Webhooks] 画面が表示されます

❷ [Activate Incoming Webhooks] の右にある [Off] のチェックをクリックして [On] にします

6 [Incoming Webhooks] 画面の表示が切り替わる

❶ チェックが「On」になり、[Incoming Webhooks] 画面に追加の設定項目が表示されます

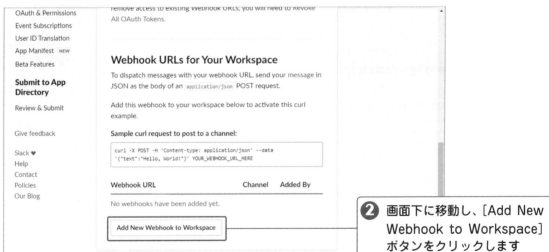

❷ 画面下に移動し、[Add New Webhook to Workspace] ボタンをクリックします

▼ 投稿先の選択画面が表示される

❶ 投稿先の選択画面が
表示されます

❷ 投稿したいチャンネ
ルを選択します。こ
こでは、「#general」
としています

❸ [許可する] ボタンを
クリックします

▼ [Incoming Webhooks] 画面が表示される

❶ 再び、[Incoming Webhooks]
画面が表示されます

② 画面下に［Webhook URL］が表示されます。この値がコーディング時に必要となるので、記録しておきます

🔍ヒント ［Copy］ボタンをクリックすると、簡単に値がコピーできます。

●手順⑤ コードを書く

「Slack投稿アプリ」の画面ができたので、次はコードを書いていきましょう。

「Slack投稿アプリ」のイベントは、［投稿］ボタンをクリックしたときのイベントになります。［投稿］ボタンをクリックしたときの処理をフローチャートにすると、次のようになります。

図7-12：［投稿］ボタンクリック時の処理のフローチャート

今回のコードのポイントは、**Slackとの連携**になります。7.1節でも利用したNuGetを利用してもよいのですが、Slackの投稿は簡単なコードで実現でき、ほかの**API**＊でも使える知識となりますので、自分でコードを書いていきましょう。

＊API　Application Programming Interfaceの略。Webなど、外部で処理を行った結果を共有する仕組み。サービスともいう。

それでは、実際のコードを示します。 ▨▨▨ の部分は、自動で記述される部分です。なお、**Webhook URL**は、各自で取得した値を利用してください。

List 1 サンプルコード（[投稿] ボタンをクリックしたときの処理：Form1.vb）

```vb
Public Class Form1

    Private Sub ButPost_Click(sender As Object, e As EventArgs) Handles ButPost.Click
❶      Dim strWebHookUrl = "https://hooks.slack.com/services/...."
❷      Dim strData = String.Format("{{'text':'{0}'}}", TxtPost.Text)
❸      Dim client = New Net.WebClient()
        Dim cl = New Net.Http.HttpClient()
❹      client.Headers.Add(Net.HttpRequestHeader.ContentType,
            "application/json;charset=UTF-8")
❺      client.Encoding = System.Text.Encoding.UTF8
❻      Dim reply = client.UploadString(strWebHookUrl, strData)
        MessageBox.Show(reply)
    End Sub

End Class
```

表7-5：List1のコード解説

No.	コード	内容
❶	`Dim strWebHookUrl = "https://hooks.slack.com/services/...."`	前々ページでコピーした値を元に、各自で取得した値を利用してください
❷	`Dim strData = String.Format("{{'text':'{0}'}}", TxtPost.Text)`	Slackへ投稿するデータを作成します。String.Formatで{0}部分にテキストボックスの内容*を当てはめています
❸	`Dim client = New Net.WebClient()`	Webを経由して、APIを呼び出し、テキストデータを送るために、WebClientクラスを生成しています。今回単純化するために、WebClientを使っていますが、HttpClientの使用が推奨されています
❹	`client.Headers.Add(Net.HttpRequestHeader.ContentType, "application/json;charset=UTF-8")`	送信するデータの形式を指定しています
❺	`client.Encoding = System.Text.Encoding.UTF8`	エンコードを指定しています
❻	`client.UploadString(strWebHookUrl, strData)`	投稿データを送信しています

---

*テキストボックスの内容 Slackへ投稿するデータはJSONと呼ばれる形式で作成します。今回は投稿する文字列のみでしたので、String Formatで作成しましたが、複雑な場合はNuGetなどでJSONを組み立てるライブラリがありますので、こちらを使うとよいでしょう。

●手順⑥ 動かしてみる

ツールバーの［▶ SlackPost］ボタンをクリックして、実際に動かしてみましょう。

最初に考えたイメージ通り動作するかを確認するために、チェック項目を作ってみました。みなさんも同じようにチェックしてみてください。

表7-6：「Slack投稿アプリ」のチェック項目

No.	特徴	実行したときの画面	コメント	チェック結果
❶	Slack投稿を行う		Slack上でツイートが確認できる	OK？

「Slack投稿アプリ」は、難易度が高いため、必要最小限の処理しか組み込んでいません。

そのほかの機能については今後、Visual Basicのコードを習得していく過程で徐々に追加していってみてください。

 まとめ

◉ **インターネット上にはサービスが多数公開されている。これらのサービスもAPIを利用することで簡単に呼び出すことができる。**

⁝⁝用語のまとめ

用語	意味
API	Application Programming Interfaceの略。Webなど、外部で処理を行った結果を共有する仕組み。サービスともいう

Chapter 7　難しいアプリケーションの作成に挑戦

3 「間違いボール探しゲーム」の作成

今回は、グラフィックの機能を使った「間違いボール探しゲーム」を作成します。

●手順① 「間違いボール探しゲーム」の完成イメージを絵に描く

　Windowsフォームには、グラフィックの機能も充実しています。そのグラフィックの機能を用いて、4.4節の「間違い探しゲーム」を進化させた「**間違いボール探しゲーム**」を作成します。

　画面では、ボールが飛び交っており、そのボールには「荻」と「萩」の文字が書いてあります。そして、たくさんの「萩」という文字の中に、1つだけ「荻」という文字があり、その「荻」を発見するゲームです。

図7-13：「荻」と「萩」の文字が書いてあるボールがランダムに飛び交う

　ゲーム性を高めるために、ルールも考えました。

・いきなり開始。ランダムにボールが飛び交う。

・ボールなので、壁に当たると跳ね返る。

・発見するまでの秒数をリアルに表示して、プレーヤーを焦らせる。

・正解の文字の場所は、ランダムに表示される（毎回、違う位置にする）。

・動いているボールをクリックするのは難しいので、同じ色のボールを画面上部に配置する。

・間違ったボールをクリックすると、ボールの移動速度が遅くなる。

・間違ったボールをクリックすると、ペナルティーで10秒加算される。

ルールを考慮して画面を描いてみると、以下のようになりそうです。

図7-14:「間違いボール探しゲーム」の完成イメージを絵に描く

●手順② 「間違いボール探しゲーム」の画面を作成する

参考までに、完成イメージは以下のようになります。

VS Community 2022を起動し、[新しいプロジェクトの作成]をクリックしてください。[新しいプロジェクトの作成]画面が表示されますので、上部検索ボックスに「winforms」と入力します。その下の一覧に[Windowsフォームアプリ]が表示されます。Visual Basicのプロジェクトを選択し、[次へ]ボタンをクリックすると、[新しいプロジェクトを構成します]画面が表示されますので、プロジェクト名に「MoveCircle」と入力してください。また、保存する場所はどこでもかまいませんが、支障がなければ「C:¥VB2022_Application¥Chapter7-3」としてください。

さらに[追加情報]画面が表示されますので、フレームワークから、[.NET 7.0（標準用語のサポート）]を選択し、[次へ]ボタンをクリックします。

「間違いボール探しゲーム」アプリケーションは、画面上部に[スタート]ボタンや時刻表示を示す機能が集中していて、画面下部はゲーム画面ですね。そこで、画面を分けるコントロールを使ってみましょう。

まずは、Windowsフォームのデザイン画面を土台にして、いろいろコントロールを貼り付けていきたいので、デザイン画面を以下のように設定してください。

表7-7：コントロールとプロパティの設定

No.	コントロール名	プロパティ名	設定値
❶	Formコントロール	(Name)プロパティ	FormBallGame
		Sizeプロパティ	1200, 800
		Textプロパティ	間違いボール探し

設定後のVS Community 2022のデザイン画面は、以下のようになっています。

次に、画面を分割する**SplitContainerコントロール**を選びます。

ある程度慣れてくると、使いたいコントロールを選ぶ時間がもったいなく感じますね。その場合、ツールボックスの検索機能を使うと、素早く目的のコントロールを見つけることができます。

SplitContainerコントロールを探したいので、[ツールボックスの検索]欄に「sp」と入力してみましょう。

❶「sp」と入力します

❷ 検索結果が表示されます

SplitContainerコントロールがすぐに見つかりましたね。デザイン画面に配置しましょう。

[SplitContainer]コントロールを画面にドラッグ&ドロップします

SplitContainerコントロールを画面にドラッグ&ドロップすると、左右に分割された画面になっていますが、ここでも4.4節と同様に、上下に分割された画面に設定します。

❶ [SplitContainer]コントロールのスマートタグ（右上の三角）をクリックし、展開します

❷ [SplitContainerタスク]の[上下スプリッターの方向]をクリックします

上級編
Chapter
7

このSplitContainerコントロールのプロパティも、先に設定しておきましょう。

表7-8：コントロールとプロパティの設定

No.	コントロール名	プロパティ名	設定値
❶	SplitContainerコントロール	(Name)プロパティ	SplitContainer1
		SplitterDistanceプロパティ	70

設定後は、以下のような画面になります。

画面を上下に分割したので、画面上部からデザインしていきます。

最初の完成イメージになかった［再スタート］ボタンと、ルール説明用のラベルも追加しましょう。中央の
●が複数表示されているコントロールは、**PictureBoxコントロール**です。

図7-15：ツールボックスからコントロールを選んで割り当てる

4.4節で同じような画面を作った方は、少し手を抜いてみましょう。VS Community 2022は、Wordや Excelのように複数の**ソリューションファイル**（.sln）を同時に起動することができます。

4.4節の「C:¥VB2022_Application¥Chapter4-4¥KanjiDifferenceHunt¥KanjiDifferenceHunt.sln」を 別のVisual Studioのソリューションとして起動して、「間違い探しゲーム」の「Form1.vb」のデザイン画面 を表示させてください。

そして、下の画像に示した緑色の罫線で囲まれた部分のコントロールを選択してください（もし、マウス で範囲選択がしづらい方は、[Ctrl] キーを押しながらマウスをクリックしてみてください。いかがでしょう か？　まとめて選択できましたか？）。

まとめて選択ができたら、ショートカットキーのコピーの操作、[Ctrl] + [C] キーを押して、コントロー ルをコピーしてください。

❶ コントロールを選択します

❷ [Ctrl] + [C] キーを押し て、コントロールをコピー します

コピーできたら、「間違いボール探しゲーム」のデザイン画面に戻って「Form1.vb」の画面を表示させま す。SplitContainer1 コントロールの上部のパネル（Panel1）をクリックしてください。

パネルをクリックします

　この状態で、ショートカットキーのペースト（貼り付け）の操作、[Ctrl] + [V] キーを押すと、Panel1 に、先ほどコピーしたコントロールがペーストされます。

[Ctrl] + [V] キーを押して、
コントロールをペーストします

　画面上部のコントロールのプロパティに値を設定しましょう。

　先ほどのコントロールのコピーが成功した方は、❶❷❼❽❾の設定内容がコピーされていることを確認できれば、その5つのコントロールの設定は不要です。最小限になります（ボタン名等が変わります）。

表7-9：コントロールとプロパティの設定

No.	コントロール名	プロパティ名	設定値
❶	TextBox コントロール	(Name) プロパティ	TextHunt
		Font プロパティ	メイリオ，16pt
		Size プロパティ*	45，55
❷	Label コントロール	Text プロパティ	を探せ
❸	Label コントロール	Text プロパティ	下の背景に表示された漢字と同じ色の円をクリック→
❹	Label コントロール	Text プロパティ	↓下のエリアをクリックするとボールの位置が変わります

* Size プロパティ　フォントの種類によっては、サイズが優先されて、勝手に設定される場合があります。その場合は、その大きさを優先してください。

["

② Timer プロジェクトのプロパティページが表示される

① MoveCircleプロジェクトのプロパティページが表示されます。左のメニュー項目はそのまま [アプリケーション] → [全般] が選択されている状態で、下にスクロールして、[スタートアップ オブジェクト] を表示します

② [スタートアップ オブジェクト] のドロップダウンリストから、Form1 から変更したForm名の「MoveCircle.FormBallGame」を選択します

ここで、エラーが起きないことを確認するために160ページの手順と同じ要領で、一旦ビルドを行ってください。もしエラーが起きた場合は「Me.MainForm = FormBallGame」と変更してください。

Tips デザインのコツ

画面をきれいに見せるには、テキストの下部の位置を揃えるとよいでしょう。

フォントの設定を変えた場合、テキストが空白の部分はイメージと合わせるため、任意の数字を入れてデザインを整えたのち、空白に戻すとよいでしょう。

TextBox コントロールに文字を入れたまま、実行してみて、違和感がないかを確認してみてください。

次に画面下部のデザインです。

図7-16：ツールボックスからコントロールを選んで割り当てる

PictureBoxコントロールが1つだけですが、中にいろいろな図形をプログラムで描きます。

表7-10：コントロールとプロパティの設定

No.	コントロール名	プロパティ名	設定値
❶	PictureBox コントロール	(Name) プロパティ	MainPictureBox
		SizeMode プロパティ	Zoom
		Dock プロパティ	Fill
		BackColor プロパティ	White

プロパティ設定後の画面下部のデザイン画面は、以下のようなイメージになります。

最後に時間計測用の**Timerコントロール**をツールボックスから画面にドラッグ＆ドロップし、以下のようにプロパティを設定してください。

表7-11：コントロールとプロパティの設定

No.	コントロール名	プロパティ名	設定値
❷	Timerコントロール	(Name)プロパティ	Timer1（規定値のまま）
		Intervalプロパティ	20

これで画面のデザインが完成しました。

●手順③ 画面のプロパティや値を設定する

手順❷の「間違いボール探しゲーム」の画面を作成するのと同時にプロパティも設定したので、今回この手順はありません。

●手順④ コードを書く

必要なイベントは、次の通りです。

・画面が起動したときのイベント
・上のPictureBoxコントロールをマウスでクリックしたときのイベント
・[再スタート]ボタンをクリックしたときのイベント
・TimerコントロールのTickイベント

また、イメージでまとめると、以下のようになります。

❷ 上のPictureBoxコントロールMouseClickイベントに対応するイベントハンドラーを「SelectPictureBox_MouseClick」に設定します

❶ 画面が起動したときのLoadイベントに対応するイベントハンドラーを「FormBallGame_Load」に設定します

❸ [再スタート]ボタンのClickイベントに対応するイベントハンドラーを「RestartButton_Click」に設定します

❹ TimerコントロールのTickイベントに対応するイベントハンドラーを「Timer1_Tick」と設定します

ヒント PictureBoxコントロールをダブルクリックしてしまうと、「SelectPictureBox_Click()」というイベントハンドラーが作成されてしまいます。使用しないので、そのまま放置でもよいのですが、消したい場合は、デザイン画面のSelectPictureBoxのプロパティからイベントを表示させ、Clickイベントに間違ったイベントハンドラーが生成されていることを確認できたら、Clickイベントを右クリックして、[リセット]を選んでください。そうすることで、後からこのSelectPictureBox_Click()メソッドを手動で消すことできます。

後のサンプルコードで使用しますので、この時点で4つのイベントハンドラーを作成してください。イベントハンドラーの作成方法を忘れてしまった方は、4.2節のイベントを作成しているあたりを参考にしてください。

今回のコードのポイントは、**図形の描画**です。最初は難しいと感じますが、実はお作法があって、その通りに描けばいいだけです。

まずは手始めに、上のPictureBoxコントロールに円を描いてみましょう。

円を描きます

後から利用しやすいように、サブルーチンとして作成します。サブルーチンの名前は、どんな処理をしているかわかりやすいように「上のPictureBoxコントロールに円を描く」ことがわかる英語、「DrawCircleSelectPictureBox」にします。

List 1 サンプルコード（上のPictureBoxコントロールに円を描いてみる：Form1.vb）

```
' 上のPictureBoxコントロールに円を描いてみる
Private Sub DrawCircleSelectPictureBox()
    ❶ Dim height = SelectPictureBox.Height          ' 高さをselectPictureBoxから取得
       Dim width = SelectPictureBox.Width            ' 幅をselectPictureBoxから取得
    ❷ Dim selectCanvas = New Bitmap(width, height)   ' 幅×高さでキャンバス作成
    ❹ Using ❸ g = Graphics.FromImage(selectCanvas)   ' キャンバスに絵を描く準備
        ❺ g.FillEllipse(Brushes.LightBlue,           ' 円を描きます。薄い青で
                      0, 0, height, height)          ' (0,0)の位置に高さ：height,幅：height
        ❻ SelectPictureBox.Image = selectCanvas       ' キャンバスに描いた絵をImageに設定
    End Using ' Using 指定がされた変数 g はこの時点で破棄する処理が内部的に呼ばれます。
End Sub
```

図形の描画の処理は、表7-12のようなイメージになります

表7-12：図形の描画のイメージ

No.	イメージ	内容
❶		図形を描くためのキャンパスを用意します。横幅と高さを指定することで、図形を描く大きさを指定します
❷		キャンパスに描くための筆を用意します
❸		円を描きます
❹		描いた内容をコントロールに割り当てます
❺		描き終わったら、すぐに筆を明け渡します

実際のコードの解説です。

表7-13：List1のコード解説

No.	コード	説明
❶	`Dim height = SelectPictureBox.Height`	SelectPictureBoxの高さを取得しています
❷	`Dim selectCanvas = New Bitmap(width, height)`	Bitmapクラスのコンストラクタを生成しています。引数に図形を描く大きさを指定します。セレクトキャンパスという名前の変数SelectCanvasに設定します。イコールの右辺の値から型が想像できるので、「As 型名」の記述が省略でき、コンパイラが型を自動で指定してくれます（**型推論**）。どんな型になっているかは、変数名にカーソルを近づけると確認できます
❸	`g = Graphics.FromImage (selectCanvas)`	キャンパスに描くための筆を用意します。変数gを設定します

❹	`Using g = Graphics. FromImage(selectCanvas)`
	`    g.FillEllipse(Brushes. LightBlue,`
	`      0, 0, height, height)`
	`    SelectPictureBox.Image = selectCanvas`
	`End Using`
		キャンパスに描くための筆（Graphics）は貴重なものなので、描き終わったらすぐに明け渡す（開放する）必要があります。変数宣言の前にUsingを書くと、End Usingを抜けたタイミングで変数の内容を自動で開放してくれます。**Usingステートメント**という言い方をします

❺	`g.FillEllipse(Brushes. LightBlue, 0, 0, height,height)`	円を描きます。g.FillEllipse()メソッドは、筆で中身を塗りつぶす円を描くメソッドです。第1引数は「塗りつぶす色」、第2引数は「描画開始位置のX座標」、第3引数は「描画開始位置のY座標」、第4引数は「幅」、第5引数は「高さ」を指定します。この場合、「高さ」と同じ長さで「幅」を指定しています
❻	`SelectPictureBox.Image = selectCanvas`	描いた内容をコントロールに割り当てます。PictureBoxコントロールのImageプロパティにキャンパスに描いた内容を指定します

はじめてなので、実際に図形が描けているかが気になりますね。後でコードを書き換えるとして、一旦、この処理を呼び出してみましょう。フォームが表示されたときに自動で呼ばれるFormBallGame_Loadに、サブルーチンを呼び出す処理を書いてみます。　　　　の部分は、自動で記述される部分です。

List 2 サンプルコード（フォーム表示時に上のPictureBoxに円を描く処理を呼び出す：Form1.vb）

```
Private Sub FormBallGame_Load(sender As Object, e As EventArgs) Handles MyBase.Load
    DrawCircleSelectPictureBox()
End Sub
```

実行してみましょう。以下のように表示されます。

上のPictureBoxコントロールに
ライトブルーで塗られた円が描画
されます

●手順⑤ コードを書く（正解の文字を表示させる）

サブルーチンを使って、画面下の背景に正解の文字を大きく表示させます。サブルーチンの名前は、どんな処理をしているかわかりやすいように、「下のmainのPictureBoxに描く」ことがわかる英語、「DrawMainPictureBox()」にします。

確認用に、FormBallGame_Loadイベントハンドラーに呼び出す処理も書いてみましょう。List2のコードを書き換えています。　　　　の部分は、自動で記述される部分です。空のイベントハンドラー等、説明に関係のない部分は省略しています。

List 3 サンプルコード（フォーム表示時に下のPictureBoxに文字を表示する処理を呼び出す：Form1.vb）

```
Public Class FormBallGame
    ' クラス共通の変数
❶   Private canvas As Bitmap        ' 画面下の描画領域
```

```vb
    Private correctText = "荻"    ' 正解の文字：1つだけ


    Private Sub FormBallGame_Load(sender As Object, e As EventArgs) Handles MyBase.Load
        DrawCircleSelectPictureBox()  ' [List 2] で記載したコード
        DrawMainPictureBox(Brushes.Gray, correctText)  ' [List 3] はこの部分を書いて下さい
    End Sub


    ' 下のPictureBoxに描画する
    Private Sub DrawMainPictureBox(color As Brush, text As String)
        ' 描画先とするImageオブジェクトをMainPictureBoxの幅×高さの大きさで作成する
        ' canvas が Nothingだった場合のみ新規でBitmap作成
```

```vb
❷      canvas = If(canvas Is Nothing,
                New Bitmap(MainPictureBox.Width,      ' 作成するBitmapの横幅＝MainPictureBoxの横幅
                    MainPictureBox.Height),  ' 作成するBitmapの高さ＝MainPictureBoxの高さ
                    canvas)                                  ' 既に存在する場合、元の値をそのまま利用
        ' 上記 If演算子（三項演算子）は、以下のIf文と同じです。
        'If canvas Is Nothing Then
        '     canvas = New Bitmap(MainPictureBox.Width, MainPictureBox.Height)
        'Else
        '     canvas = canvas        ' 同じ処理なので、Elseはなくてもよい
        'End If
❸      Using g = Graphics.FromImage(canvas)                    ' キャンバスに絵を描く準備
            ' 背景に引数で指定した文字列を描画する
❹          g.DrawString(text,                                  ' 描画する文字列
                New Font(TextHunt.Font.FontFamily,  ' フォント名（TextHuntと同じ）
                    MainPictureBox.Height * 2 / 3),  ' フォントサイズ（高さの2/3 ）
                color,                                          ' 描画する色
                MainPictureBox.Width / 4.5,              ' x座標（横位置）(0~横幅の1/4.5で調整)
                -MainPictureBox.Height / 10)          ' y座標（縦位置）(0~縦幅の-1/10で調整)
❺          MainPictureBox.Image = canvas                    ' キャンバスに描いた絵をImageに設定
        End Using  ' using指定がされた変数gはこの時点で破棄する処理が内部的に呼ばれます
    End Sub
End Class
```

表7-14：List3のコード解説

No.	コード	内容
❶	`Private canvas As Bitmap`	図を書く場所を示す変数canvasをいろいろなメソッドから利用することを想定して、クラス共通の変数として定義しています

❷	`canvas = If(canvas Is Nothing,`
	`New Bitmap(MainPictureBox.`
	`Width,`
	`MainPictureBox.Height),`
	`canvas)`
		Bitmapのインスタンスを生成する際に引数で文字の大きさを指定します。キャンパスという名前の変数canvasに設定します。第1引数が「描画領域の幅」を表します。MainPictureBoxの幅の値に設定しています。第2引数は「描画領域の高さ」を表します。MainPictureBoxの高さの値に設定しています。If()は**If演算子**といって、いわゆる三項演算子です。「If(条件, 真の時の値, 偽の時の値)」という書き方になります。「If canvas Is Nothing Then canvas = New Bitmap(MainPictureBox.Width, MainPictureBox.Height) End If」と同じ処理となります

❸	`Using g = Graphics.`
	`FromImage(canvas)`
	`〜`
	`End Using`
		キャンパスに文字を描くための筆を用意します。変数gを設定します

❹	`g.DrawString(text,`
	`New Font(TextHunt.Font.`
	`FontFamily,`
	`MainPictureBox.Height * 2 /`
	`3),`
	`color,`
	`MainPictureBox.Width / 4.5,`
	`-MainPictureBox.Height /`
	`10)`
		文字を描きます。g.DrawString()メソッドは、筆で中身を塗りつぶす文字を描くメソッドです。メソッドに渡す情報としては、第1引数から、第5引数まで5つあります。第1引数から順に「キャンパスに描く文字」「フォント(フォント名、フォントサイズ)」「色」「描画開始位置のX座標」「描画開始位置のY座標」を指定します。フォント名はTextHuntで設定したフォントと同じ値を取得して設定しています。「描画開始位置のX座標」は、MainPictureBoxの横幅の1/4.5、「描画開始位置のY座標」は、MainPictureBoxの縦幅のマイナス1/4.5を指定しています。ともに0からこの範囲を目安として文字が中央に来るように調整していますが、みなさんの環境に合わせて調整してください

❺	`MainPictureBox.Image =` `canvas`	描いた内容をコントロールに割り当てます。PictureBoxコントロールのImageプロパティに変数canvasの内容、つまりここまでの処理で、キャンパスに書いた内容を設定しています

上級編
Chapter
7

実行してみましょう。以下のように表示されます。

下のPictureBoxコントロールに正解の文字の「荻」が灰色で描かれます

メソッドを書く場所について

　メソッドは、クラスの中のどこに書いても構わないのですが、ある程度ルール化されているとコードが読みやすくなります。以下の順で記載するとよいでしょう。

①クラス共通の変数、プロパティ
②初期化するメソッド、コンストラクタ
③Publicなメソッド。イベントハンドラー
④Privateなメソッド。クラスのメソッドの中から呼ばれるメソッド。サブルーチンなど

　こちらのサンプルもそのルールに従って記載しています。ここまでのコードのクラス内のざっくりとした位置関係は、このようになっています。

▼クラス内の位置関係①

▼クラス内の位置関係②

●手順⑥ コードを書く（図形を動かす）

これまでの知識を組み合わせると、ボールに文字を重ねることもできそうですね。さらにそのボールを動かしてみましょう。いろいろ方法はあると思いますが、前にあった位置に白色でボールを描いて、新しい位置にボールを描くことで、簡単に動きが表現できます。

ボールを複数作成して動かすことを考えると、新しくBallクラスを作ったほうが操作しやすくなります。Ballのことは、Ballクラスに任せて、そのBallクラスのインスタンスを呼び出して操作するイメージです。

| ボールを描く | 同じ位置に白色でボールを描く | 新しい位置にボールを描く |

図7-17：ボールを動かすイメージ

Ballクラスのインスタンスから白色でボールを描くメソッドと、ボール描くメソッドをこまめに呼び出すとよさそうですね。今までのTimerコントロールのTickイベントで処理をするとよさそうです。

それでは、Ballクラスを作成しましょう。ファイル名はそのまま「Ball.vb」とします。

■ MoveCircleプロジェクトを右クリックする

❶ ソリューションエクスプローラーでMoveCircle
プロジェクトを右クリックします

❷ ［追加］➡ ［クラス］を選択
します

2 新しい項目の追加ダイアログが表示される

① ［クラス］が選択されていることを確認します

② 名前を「Ball.vb」にします

③ ［追加］ボタンをクリックします

3 Ball クラスが作成される

Ball クラスが作成されました

ヒント クラス作成の手順を忘れてしまった方は、Chapter6のオブジェクト指向を復習しましょう。

上級編
Chapter
7

Ballクラスに必要な情報を考えます。ゲームのルールから、ボールの部分に着目します。

> ・いきなり開始。ランダムにボールが飛び交う。➡ボールには位置情報と移動する情報が必要
> ・ボールなので、壁に当たると跳ね返る➡移動方向の情報が必要
> ・間違ったボールをクリックすると、ボールの移動速度が遅くなる。➡移動の割合が必要、外部から操作させたい。

上記から「Ballクラスには、以下のような情報があるとよいな」ということがわかります。

Ballクラス

5つのBallインスタンス

図7-18：Ballクラスに必要な情報のイメージ

表7-15：Ballクラスに必要な動き（メソッド）

メソッド	内容
PutCircle()メソッド	指定した位置にボールを描く
DeleteCircle()メソッド	指定した位置のボールを消す（白で描く）
Move()メソッド	指定した位置にボールを動かす（PutCircleとDeleteCircleを利用）

表7-16：Ballクラスの初期化を行う（コンストラクタ*）

コンストラクタ	内容
Ballコンストラクタ	Ballクラスの初期化を行います。5つの引数を指定し、クラスの内部に保持する。5つの引数は、「描画するPictureBoxコントロール」「描画するキャンバス」「塗りつぶす色」「表示する漢字」「フォント名」

---

* **コンストラクタ**　オブジェクト（クラスのインスタンス）の生成時に、オブジェクトが扱うデータを初期化するために呼び出される特殊なメソッドのこと。

Ballクラスのメソッドの内容を考えます。**PutCircle()メソッド**、**DeleteCircle()メソッド**は、すでに解説した内容とほぼ同じとなります。

ボールを動かす**Move()メソッド**について、まずは処理の大まかな流れをフローチャートで示します。

図7-19：Move()メソッドの処理

表7-17：Move()メソッドの流れ

No.	フロー	内容
❶	以前の表示を削除	DeleteCircle()メソッドを呼びます
❷	新しい移動先の計算	「今の位置」から「移動方向」に「移動の割合」分移動させた位置を算出します
❸	壁で跳ね返る補正	複雑なので別途解説します
❹	跳ね返り補正を反映した値で新しい位置を計算	移動させた位置に補正を反映させます
❺	新しい位置に描画	補正を反映した値でPutCircle()メソッドを呼びます
❻	新しい位置を以前の値として記憶	内部変数に補正を反映した値を記憶します

❸の「壁で跳ね返る補正」に関して、X軸に着目して考えてみましょう。「移動方向」が-1の場合、ボールのXの位置は、だんだん0に近づき、その後、何も処理がないとマイナス方向にボールが進んで見えなくなってしまいます。跳ね返る処理をするためには、Xの値が0以下になったら、移動方向を+1に変更します。

図7-20：左に移動しているボールを跳ね返す処理のイメージ

　跳ね返す処理、つまり移動方向を変える処理の実装例は次のようになります（directionは、「移動方向」という意味です）。X座標の位置を判定し、0を含めて負の値になったときに、移動方向は＋（プラス）の方向に設定しています。

　以下に左端に来た場合の判定のサンプルコードを示します。Move()メソッドの処理を実装するときに周辺のコードを含め、処理全体のサンプルコードを書きますので、ここではイメージとしてとらえてください。

```
If ( x <= 0 ) Then     ' 左端に来た時の判定
    directionX = +1
End If
```

　また、「移動方向」が+1の場合、ボールの位置は画面の右に近づき、その後、何も処理がないと画面の右を通り超えて見えなくなってしまいます。跳ね返る処理をするためには、Xが画面の右端、つまり画面サイズより大きくなったら移動方向を-1に変更します。

　画面サイズだけを考慮すると、以下の状態になってはじめて反転するため、美しくありません。

X が画面の右端、つまり画面サイズより大きくなったら移動方向を -1 に変更するのですが、画面サイズだけを考慮すると、左のような状態になってから反転するため、美しくありません。

この位置で移動方向を反転するのが良いでしょう。画面サイズからボールの直径、すなわち半径の2倍を差し引いた位置で反転します。

図7-21：右に移動しているボールを跳ね返す処理のイメージ

　右に移動しているボールを跳ね返すプログラムは、次のようになります。なお、縦方向のY座標についても同様に判定が必要になります。PictureBox.Widthは画面サイズ、radiusはボールの半径、directionXはX軸方向の移動方向となります。

```
If (x >= pictureBox.Width - radius * 2) Then    ' 右端に来た時の判定
    directionX = -1
End If
```

　それでは、Move()メソッドを含めた、Ballクラスのコードを示します。　　　　の部分は、自動で記述される部分です。

List 4　サンプルコード（Ballクラスの実装：Ball.vb）

```
Public Class Ball
    ' クラスに必要な情報の定義
    ' 非公開で外部からは変更することができない値
❶   Private Const radius = 40                        ' 円の半径、初期値の値は変更できません
    Private kanji As String                          ' 表示する漢字
    Private fontName As String                       ' 表示する漢字のフォント名
    Private brushColor As Brush                      ' 塗りつぶす色
    Private pictureBox As PictureBox                 ' 描画する PictureBox
    Private canvas As Bitmap                         ' 描画するキャンバス
❷   Private position As Point = New Point(0, 0)      ' 位置（初期値 X=0,Y=0）
    Private previous As Point = New Point(0, 0)      ' 以前の位置（初期値 X=0,Y=0）
    Private direction As Point = New Point(1, 1)     ' 移動方向（初期値 X=1(右),Y=1(下)）
```

```vb
    ' 公開し外部から触ることができる値
❸  Public Property Pitch = radius / 2   ' 移動の割合
    ' Ballコンストラクタ
    ' 5つの引数を指定しクラスの内部に保持する。
    ' 5つの引数は、描画する PictureBox、描画するキャンバス、
    ' 塗りつぶす色、表示する漢字、フォント名
❹  Public Sub New(pb As PictureBox, cv As Bitmap,
                   cl As Brush, st As String, fn As String)
        pictureBox = pb       ' 描画する PictureBox
        canvas = cv           ' 描画するキャンバス
        brushColor = cl       ' 塗りつぶす色
        kanji = st            ' 表示する漢字
        fontName = fn         ' 漢字のフォント名の初期設定
    End Sub


    ' 指定した位置にボールを描く
    Public Sub PutCircle(x As Integer, y As Integer)
        ' 現在の位置を記憶
        position.X = x
        position.Y = y
        Using g = Graphics.FromImage(canvas)
            ' 円を brushColorで指定された色で描く
❺          g.FillEllipse(brushColor, x, y, radius * 2, radius * 2)
            ' 文字列を描画する
❻          g.DrawString(kanji, New Font(fontName, radius + 4),
                        Brushes.Black, x, y, New StringFormat())
            pictureBox.Image = canvas    ' MainPictureBoxに表示する
        End Using
    End Sub


    ' 指定した位置のボールを消す (白で描く)
    Public Sub DeleteCircle()
        ' 初めて呼ばれて以前の値がない時 (previous = (0,0)) は、今の新しい値を設定
❼      previous = If(previous = New Point(0, 0), position, previous)
        ' ↓ 下の書き方と同じです。If演算子 (三項演算子) の利用で1行で書けます
```

```vb
    ' 初めて呼ばれて以前の値がない時
    'If (previous.X = 0) Then
    '     previous.X = position.X
    'Else
    '     previous.X = previous.X
    'End If
    'If (previous.Y = 0) Then
    '     previous.Y = position.Y
    'Else
    '     previous.Y = previous.Y
    'End If
    Using g As Graphics = Graphics.FromImage(canvas)
        ' 円を白で描く
        g.FillEllipse(Brushes.White, previous.X, previous.Y,
                        radius * 2, radius * 2)
        ' MainPictureBoxに表示する
        pictureBox.Image = canvas
    End Using
End Sub


' 指定した位置にボールを動かす
Public Sub Move()
    ' ①以前の表示を削除
    DeleteCircle()
    ' ②新しい移動先の計算
    Dim x = position.X + Pitch * direction.X
    Dim y = position.Y + Pitch * direction.Y
    ' ③壁で跳ね返る補正
    If (x >= pictureBox?.Width - radius * 2) Then   ' 右端に来た場合の判定
        direction.X = -1    ' 進む方向を反転（左方向）
    End If
    If (x <= 0) Then                                ' 左端に来た場合の判定
        direction.X = +1    ' 進む方向を反転（右方向）
    End If
    If (y >= pictureBox?.Height - radius * 2) Then ' 下端に来た場合の判定
        direction.Y = -1    ' 進む方向を反転（上方向）
```

❽ pictureBox?.Width

❾ pictureBox?.Height

```
        End If
    If (y <= 0) Then                                    ' 上端に来た場合の判定
        direction.Y = +1      ' 進む方向を反転 (下方向)
    End If
    ' ④跳ね返り補正を反映した値で新しい位置を計算
    position.X = x + direction.X ' x新しいx座標 + 方向 (右:+1/左:-1)
    position.Y = y + direction.Y ' y新しいy座標 + 方向 (下:+1/上:-1)
    ' ⑤新しい位置に描画
    PutCircle(position.X, position.Y)
    ' ⑥新しい位置を以前の値として記憶
    previous.X = position.X
    previous.Y = position.Y
    End Sub
End Class
```

表7-18：List4のコード解説

No.	コード	説明
❶	`Private Const radius = 40`	**Const**ステートメントは固定という意味があります。変数radiusの内容を変更しないという意味です
❷	`Private position As Point = New Point(0, 0)`	**Point**というクラスは、x座標とy座標の値をまとめて受け持ってくれる便利なクラスです。座標を扱うときに重宝するクラスです。このクラスを利用しない場合は、positionX,positionYという2つの変数を常に使う必要があります。Pointを使う場合は、そのインスタンスを利用して、position.X, position.Yという形で利用できます。なお、Pointは正確にはクラスではなく構造体といいます。内部的なメモリの持ち方が特殊で速度が速いイメージです。ここでは、(0,0) で初期化しているので、「position.X = 0,position.Y = 0」と同じ意味になります
❸	`Public Property Pitch = radius / 2`	参照範囲を**Public**にして、ほかのクラスから操作できる状態にします。プロパティですね。プロパティの初期値として、円の半径の半分の値を指定しています

❹	`Public Sub New(pb As PictureBox, cv As Bitmap, cl As Brush, st As String, fn As String)`
	`pictureBox = pb`
	`canvas = cv`
	`brushColor = cl`
	`kanji = st`
	`fontName = fn`
	`End Sub`
		Ballクラスの**コンストラクタ**です。コンストラクタは、クラスと同じ名前のメソッドのようなもので、主に初期化に使います。ここでは5つの引数を用いて、Ball クラスに必要な値を初期化しています

❺	`g.FillEllipse(brushColor, x, y, radius * 2, radius * 2)`	**FillEllipse()** メソッドで円を描画します。指定した色（brushColor）で、(x,y) の位置から、半径の倍の広さ（radius * 2）で円を書いています
❻	`.DrawString(kanji, New Font(fontName, radius + 4), Brushes.Black, x, y, New StringFormat())`	**DrawString()** メソッドは、指定したBrushの書式属性を使用して、指定した Fontオブジェクトで、指定した位置に指定した文字列を描画します。位置が x+4, y+12 となっているのは、ボールの中に表示する文字をボールの中心にくるようにするための微調整です。ディスプレイの設定状況によりますので、ボールの中央に文字が表示されない方は、この値を微調整してみてください
❼	`previous = If(previous = New Point(0, 0), position, previous)`	初めて呼ばれて以前の値がない時（previous = (0,0)）は、新しい値（position(x,y)）を指定します。**Point構造体**を使うと、X座標、Y座標で2回記述しなくても一度に設定できます
❽	`pictureBox?.Width` `pictureBox?.Height`	「?.」は、タイプミスではありません。**null条件演算子**と言います。pictureBoxがnull の可能性があるため、「pictureBox Is Nothing」の時、pictureBox.Widthはnull なのに、幅プロパティの値を見に行ってしまい、処理の途中で実行できなくなります。そのため、本来は「If (pictureBox IsNot Nothing)」の時のみ、pictureBox.Widthを扱う処理をするコードを書く必要があります。この「?.」を書くことで、処理が簡略化できるというイメージです

図7-22は、❺のイメージです。数学の座標と異なり、.NETの世界では、左上が(0,0)になり、y座標は下側に向かっています。コンピューターができた当時は左上から文字を表示することしかできなかったため、その名残りですね。

$$g.FillEllipse(\textbf{brushColor}, x, y, radius * 2, radius * 2)$$

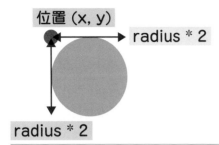

位置 (x, y)

radius * 2

radius * 2

図7-22：❺のイメージ

Ballクラスは、これで完成となります。次は、Form画面からBallクラスを呼び出すコードを書いてみましょう。

DrawMainPictureBox()メソッドに引数を加えて汎用化したり、多く使う値はクラス共通の変数として定義し、初期化しました。■■■■の部分は、自動で記述される部分です。

List 5 サンプルコード（FormBallGameクラスの実装：Form1.vb）

```vb
Class FormBallGame

    '-----------------------------------------------------------------

    ' クラス共通の変数

    '-----------------------------------------------------------------

    Private canvas As Bitmap              ' 画面下の描画領域     [List3] で記載したコード
    Private Const correctText = "荻"  ' 正解の文字：1つだけ [List3] で記載したコード
    Private balls As Ball                 ' ボールを管理
    Private fontName As String            ' 表示する漢字のフォント名
    Private nowTime As Double = 0.0       ' 経過時間


    '-----------------------------------------------------------------

    ' イベントハンドラ

    '-----------------------------------------------------------------

    ' フォームが起動した時（Load時）、呼ばれるイベントハンドラー
    Private Sub FormBallGame_Load(sender As Object, e As EventArgs) Handles MyBase.Load
        DrawCircleSelectPictureBox() ' [List 2] で記載したコード
        DrawMainPictureBox(Brushes.Gray, correctText) ' [List 3] はこの部分を書いて下さい
        TextHunt.Text = correctText ' 正解の文字を設定
```

```
        fontName = TextHunt.Font.Name ' TextHuntに設定したフォントと同じフォントにする
        ' ボールクラスのインスタンス作成
❶       balls = New Ball(MainPictureBox, canvas, Brushes.LightBlue, correctText, fontName)


        ' 位置100, 100 にボールを置く
❷       balls.PutCircle(100, 100)


        ' タイマーをスタートさせる
        nowTime = 0.0
        Timer1.Start()
    End Sub


    ' 再スタートボタンが押された時、呼ばれるイベントハンドラ
    Private Sub RestartButton_Click(sender As Object, e As EventArgs)


    End Sub


    ' 上のピクチャーボックスが押された時、呼ばれるイベントハンドラ
    Private Sub SelectPictureBox_MouseClick(sender As Object,
            e As MouseEventArgs) Handles SelectPictureBox.MouseClick
    End Sub


    ' タイマーが動いている時、呼ばれるイベントハンドラ
    Private Sub Timer1_Tick(sender As Object, e As EventArgs) Handles Timer1.Tick
❸       balls.Move()
        nowTime += 0.02
        TextTimer.Text = nowTime.ToString("0.00")
    End Sub


    Private Sub MainPictureBox_MouseClick(sender As Object,
            e As MouseEventArgs) Handles MainPictureBox.MouseClick
    End Sub



    '------------------------------------------------------------
    ' 独自のメソッド
    '------------------------------------------------------------
```

上級編 Chapter 7

413

```
    ' 上のPictureBoxコントロールに円を描いてみる

    Private Sub DrawCircleSelectPictureBox()

        ([List 1] で記載済のため省略)

    End Sub


    ' 下のPictureBoxに描画する

    Private Sub DrawMainPictureBox(color As Brush, text As String)

        ([List 1] で記載済のため省略)

    End Sub

End Class
```

今回目新しい処理はありませんが、作成したBallクラスを呼ぶコードがありますので解説します。

表7-19：List5のコード解説

No.	コード	説明
❶	balls = New Ball(MainPictureBox, canvas, Brushes.LightBlue, correctText, fontName)	ボールクラスのインスタンスを作成しています。その際、5つの引数を渡して初期値を設定しています
❷	balls.PutCircle(100, 100)	作成したボールのインスタンスを(100, 100)の位置に書きます
❸	balls.Move()	作成したボールのインスタンスを動かします。Move()メソッドを呼び出すだけで、細かい処理はボールクラスにお任せしているイメージですね

さっそく動かしてみましょう。まだボールは1つですが、跳ね返ってますね。

上下左右の壁に
当たると跳ね返
ります

●手順⑦ コードを書く（複数の図形を動かす）

すでにクラスが作成してあるため、複数の図形を扱う場合も実はそれほど難しくありません。単純に考えると、ボールを5個に増やしたい場合は、ボールクラスのインスタンスを5個作ればよく、各々のインスタンスを動かすMove()メソッドを呼ぶだけです。

同じ型の変数を扱うには、配列が便利ですね。配列の数分繰り返す処理は、Forループ文と相性が良い感じです。上側の正解と同じ色をクリックさせるボールも、同じ要領で作れます。

List5の単体のボールを動かすコードは、コメントにしました。　　　　　　　　の部分は、自動で記述される部分です。

List 6 サンプルコード（複数のボールを動かすように改良：Form1.vb）

```
Public Class FormBallGame

    '--------------------------------------------------------------
    ' クラス共通の変数
    '--------------------------------------------------------------
    Private canvas As Bitmap                    ' 画面下の描画領域 [List3] で記載したコード
    Private Const correctText = "荻" '           ' 正解の文字：1つだけ [List3] で記載したコード
❶  Private Const mistakeText = "萩"             ' 間違いの文字：ボールの個数分、並ぶ
    'Private balls As Ball                       ' ボールを管理    [List 5] までの処理
❷  Private balls As Ball()                      ' 配列として複数のボールを管理
```

```vb
③ Private kanjis As String()                    ' ボールに描く漢字の配列
④ Private ballColor As Brush() =                ' ボールの色、5個分配列で定義
      {
              Brushes.LightPink,                ' 薄いピンク
              Brushes.LightBlue,                ' 薄い青
              Brushes.LightGray,                ' 薄い灰色
              Brushes.LightCoral,               ' 薄い珊瑚色
              Brushes.LightGreen                ' 薄い緑
      }
    ' 色の詳細はこちら: https://learn.microsoft.com/ja-jp/dotnet/api/system.drawing.color?view=net-7.0#properties

    Private fontName As String                  ' 表示する漢字のフォント名
    Private nowTime As Double = 0.0             ' 経過時間
⑤ Private Const ballCount = 5 - 1              ' ボールの数 (0から始まるため1つ減らした数)
⑥ Private randomResult As Integer = 0          ' 正解の番号 : 0～ボールの数のいずれか


    '-----------------------------------------------------------------
    ' イベントハンドラ
    '-----------------------------------------------------------------
    ' フォームが起動した時 (Load時)、呼ばれるイベントハンドラー
    Private Sub FormBallGame_Load(sender As Object, e As EventArgs) Handles MyBase.Load
        DrawCircleSelectPictureBox()            '[List 2] で記載したコード
        DrawMainPictureBox(Brushes.Gray, correctText) ' [List 3] はこの部分を書いて下さい
        TextHunt.Text = correctText             ' 正解の文字を設定
        fontName = TextHunt.Font.Name           ' TextHunt に設定したフォントと同じフォントにする


        ' ボールクラスのインスタンス作成
        ' [List 5] ボールが1つの時
        'balls = New Ball(MainPictureBox, canvas, Brushes.LightBlue, correctText, fontName)
⑦ balls = New Ball(ballCount) {}              ' balls を ballCount 分配列として用意
        ' 漢字の設定
⑧ kanjis = New String(ballCount) {}
⑨ For i = 0 To ballCount
            kanjis(i) = mistakeText             ' 間違いの文字をセット
        Next
⑩ randomResult = New Random().Next(ballCount) ' ボールの数分の乱数を取得
        kanjis(randomResult) = correctText     ' ランダムな位置に正解の文字をセット
```

```
' ballCount分Ballインスタンスを生成、背景色をballColor，表示する漢字もkanjisに用意
```

⑪
```
For i = 0 To ballCount
    balls(i) = New Ball(MainPictureBox, canvas, ballColor(i), kanjis(i), fontName)
Next
```

```
' 位置100, 100にボールを置く
' [List 5] ボールが1つの時
'balls.PutCircle(100, 100)
' ランダムな位置にballCount個のボールを置く
```

⑫
```
For i = 0 To ballCount
    balls(i).PutCircle(New Random().Next(MainPictureBox.Width),
                       New Random().Next(MainPictureBox.Height))
Next
```

```
' タイマーをスタートさせる
nowTime = 0.0
Timer1.Start()
End Sub
```

```
' 再スタートボタンが押された時、呼ばれるイベントハンドラ
Private Sub RestartButton_Click(sender As Object, e As EventArgs)
    ' 処理内容がFormBallGame_Loadと同じであるためそのまま呼ぶ
    canvas = Nothing                 ' 画面下の描画領域を初期化
```
⑬
```
    FormBallGame_Load(sender, e)     ' Formのロードイベントハンドラ
End Sub
```

```
' 上のピクチャーボックスが押された時、呼ばれるイベントハンドラ
Private Sub SelectPictureBox_MouseClick(sender As Object,
        e As MouseEventArgs) Handles SelectPictureBox.MouseClick
End Sub
```

```
' タイマーが動いている時、呼ばれるイベントハンドラ
Private Sub Timer1_Tick(sender As Object, e As EventArgs) Handles Timer1.Tick
    ' balls.Move()   ' [List 5] ボールが1つの時
    ' ballCount分ループしてMove()を実行
```

```vb
⑭      For i = 0 To ballCount
            balls(i).Move()
        Next


        nowTime += 0.02

        TextTimer.Text = nowTime.ToString("0.00")

    End Sub


    '--------------------------------------------------------------------

    ' 独自のメソッド

    '--------------------------------------------------------------------

    ' 上のPictureBoxコントロールに円を描いてみる

    Private Sub DrawCircleSelectPictureBox()

        Dim height = SelectPictureBox.Height          ' 高さをselectPictureBoxから取得

        Dim width = SelectPictureBox.Width            ' 幅をselectPictureBoxから取得

        Dim selectCanvas = New Bitmap(width, height)  ' 幅×高さでキャンバス作成

        Using g = Graphics.FromImage(selectCanvas)    ' キャンバスに絵を描く準備

            ' [List 5]  ボールが1つの時

            'g.FillEllipse(Brushes.LightBlue,          ' 円を描きます。薄い青で

            '              0, 0, height, height)       ' (0,0)の位置に高さ：height,幅：height
⑮          For i = 0 To ballCount
                g.FillEllipse(ballColor(i), i * height, 0, height, height)
            Next


            SelectPictureBox.Image = selectCanvas     ' キャンバスに描いた絵をImageに設定

        End Using 'Using 指定がされた変数 g はこの時点で破棄する処理が内部的に呼ばれます。

    End Sub


    ' 下のPictureBoxに描画する

    Private Sub DrawMainPictureBox(color As Brush, text As String)

        ([List 3] で記載済のため省略)

    End Sub

End Class
```

表7-20：List6のコード解説

No.	コード	説明
❶	`Private Const mistakeText = "萩"`	間違った文字です。基本はこの文字が配列の数-1個あり、1つだけ正解の文字になります。Constステートメントをつけてコードの途中で変更できないようにしています。イコールの右辺値で型がStringと決定できるため、「As String」が省略できます
❷	`Private balls As Ball()`	ボールクラスを複数扱うために配列として定義しています。型名の後ろに（）（半角の丸括弧）をつけると、その型を複数まとめて扱える配列を定義できます
❸	`Private kanjis As String()`	ボールに書く漢字を扱うために配列として定義しています。1つだけ正解の文字にしたいので、このようにまとめて同じ型を同じ個数だけ持つように定義すると処理が簡潔になります

❹	`Private ballColor As Brush() =`
	`{`
	`    Brushes.LightPink,`
	`    Brushes.LightBlue,`
	`    Brushes.LightGray,`
	`    Brushes.LightCoral,`
	`    Brushes.LightGreen`
	`}`
		ボールに色を塗りたいので、Brush型の変数をボールの数分配列として定義し、同時に初期値を割り当てます。イコールの右辺に配列をまとめて初期化することを表す {}（波括弧）の中に初期値として設定したい値を順に記載します。すべて同じ型である必要があります。今回は文字が見えやすいように、薄い色を5つ設定しました。ボールの数が変化した場合はこちらも調整してください

❺	`Private Const ballCount = 5 - 1`	ボールの数です。変数にしておくことでボールの数を増減したときに修正範囲が最小限になります。各配列の要素数もこちらを元にしています。配列は0から開始して5個目が0,1,2,3,4で4になるため、5ではなく、5 - 1にしています。4でも良いのですが、「ボールの数自体は5個で、0からはじまる配列やFor文で使いやすいように便宜上、-1にしていますよ」という意図を込めています。Constをつけて値が変更できないようにしています。Constをつけることで、イコールの右辺の値からデータの型が決定されるので、「As Integer」の型指定が省略できます。変数にカーソルを近づけると、Integer型になっていることが確認できます
❻	`Private randomResult As Integer = 0`	正解の番号を記憶する変数です。配列の要素は0から要素数-1までの範囲をとるため、この変数もその範囲で利用します。こちらはランダムの値を扱うため、Constにはしません。「As Integer」を省略すると、Object型になり、文字列も扱えてしまうようになるため、「As 型名」は省略しません

上級編 Chapter 7

❼	`balls = New Ball(ballCount) {}`	実際に変数ballsの配列の要素数を決定します。この処理でballsはballCount分配列として用意されました。5個のボールが利用できるようになります。配列は0から開始しますので、0,1,2,3,4の5個の要素を持つ配列を定義しました。{}（波括弧）で配列の初期値を設定できるのですが、こちらでは初期化しません。初期化しない場合でも{}は省略できません
❽	`kanjis = New String(ballCount) {}`	同じく5個のボールに書くために、5個の漢字を用意します

❾	`For i = 0 To ballCount`
	`kanjis(i) = mistakeText`
	`Next`
		こちらは、以前の「間違い探し」と同じですね。先に間違いの漢字を必要な数だけ設定します。5個の「萩（はぎ）」が設定されました

❿	`randomResult = New Random().Next`
	`(ballCount)`
	`kanjis(randomResult) =`
	`correctText`
		「0〜ボールの数 -1」の範囲で1つだけ正解の文字をランダムで設定したいので、New Random()でランダム値を発生させます。発生させる値は、Next(ballCount)として、0〜ballCount未満の値をとりだすようにします。「randomResult = New Random().Next (ballCount)」の処理は、「Dim r As Random = New Random() randomResult = r.Next(ballCount)」と同じです。メソッドの結果の値を元に「.」（ドット）で続けて書くことができます。メソッドの実行結果を繋げるという意味で、**メソッドチェーン**と言います

⓫	`For i = 0 To ballCount`
	`balls(i) = New Ball`
	`(MainPictureBox, canvas,`
	`ballColor(i), kanjis(i),`
	`fontName)`
	`Next`
		ボールが複数になったのでForループ文を利用してループします。配列の要素数に合わせて、0からballCount未満の範囲でループします。「For i As Integer = 0 To ballCount」と「As 型名」を記載しますが、型推論が利用できるため、省略可能です。ループの内部の処理は、balls変数のi番目の値に、ボールのi番目のインスタンスを設定しています。初期値はボールクラスのコンストラクタに設定した値を初期値としています

⓬	`For i = 0 To ballCount`
	`    balls(i).PutCircle(New`
	`Random().Next(MainPictureBox.`
	`Width),`
	` New Random().Next`
	`(MainPictureBox.Height))`
	`Next`
		ボールのインスタンスが5個できたのであとは、その5個をどこに配置するかをきめるだけですね。こちらもランダム関数を利用します。Next(MainPictureBox. Width)の処理で、Y座標は、MainPictureBoxの幅の範囲内で設定しています。Next(MainPictureBox. Height)の処理で、X座標は、MainPictureBoxの高さの範囲内で設定しています

⑬	`FormBallGame_Load(sender, e)`	[再スタート] ボタンをクリックしたときの処理は、今回はFormBallGame_Load() とまったく同じなので、そのままFormBallGame_Load() を呼びました。本来は、イベントハンドラーは目的が異なるので、内部の処理はリブルーチン化する方が良いです

⑭	`For i = 0 To ballCount`
	`balls(i).Move()`
	`Next`
		元々のballs.Move() を配列の要素の数だけ、異なったインスタンスのMove() メソッドを呼ぶ処理に変更します。余計な情報がないのでこの処理が一番変化がわかりやすいかと思います

⑮	`For i = 0 To ballCount`
	`g.FillEllipse(ballColor(i), i *`
	`height, 0, height, height)`
	`Next`
		上部の判定に使う円も、忘れずに5個分に増やします。Forループ文の変数の変化を利用してボールを描いています。ボールの幅と高さが同じheightで、描く位置のX座標がheightの倍数になっています。そのように描くことで、X座標の方向に綺麗に並んで表示されます。後ほど図で詳しく説明します

ヒント　クラスが持っている変数は、アクセス修飾子 (PublicやPrivateなど) の指定が必須となりますが、Dimが省略できます。「= 値」の記述があり、初期化を伴う場合は「As 型名」が省略できますが、クラス共通で使う意図からObject型になってしまいます。意図していない値が入らないようにするため、なんでも扱えるObject型は避けましょう。

```
Private Const ballCount = 5 - 1 ' ボールの数(0から!
Private random
```
(定数) FormBallGame.ballCount As Integer = 5 - 1

❺の上部の円の描画に関して、ループをうまく使って計算で円を並べて描く処理（1回目、2回目、5回目）のイメージは、それぞれ図7-23、図7-24、図7-25の通りです。

1回目の値は、i= 0 なので、結果として、(0,0)の位置 を起点として、height × height の大きさで円を描く。背景色は、ballColor(0)。

g.FillEllipse(ballColor(0), 0 * height, 0, height, height)

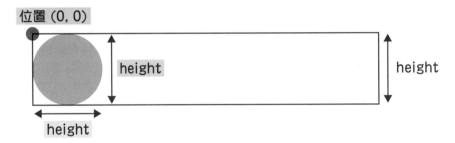

位置 (0, 0)

height

height

height

図7-23：1回目の値

2回目の値は、i= 1 なので、結果として、(height,0)の位置 を起点として、height × height の大きさで円を描く。背景色は、ballColor(1)。

g.FillEllipse(ballColor(1), 1 * height, 0, height, height)

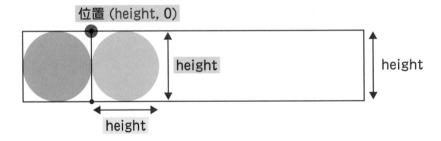

位置 (height, 0)

height

height

height

図7-24：2回目の値

5回目の値は、i= 4 なので、結果として、(4 * height,0)の位置 を起点として、
heights × heights の大きさで円を描く。背景色は、ballColor(4)。

g.FillEllipse(ballColor(4), 4 * height, 0, height, height)

図7-25：5回目の値

　ここまでの実装が気になりますね。動かしてみましょう。ボールが5つに増えていることが確認できます。
［再スタート］ボタンも動作しますね。

　最後に、判定処理の実装を行いましょう。
　上のPictureBox内部のボールをクリックしたときに、そのクリックしたボールが正解と同じ色であれば
正解の処理、間違っていればペナルティーの処理を行います。ポイントは正解の判定ですが、実はそれほど
難しくはありません。

図7-26：正解の判定のフローチャート

List 7 サンプルコード（判定処理の実装：Form1.vb）

```vb
' 上のピクチャーボックスが押された時、呼ばれるイベントハンドラ
Private Sub SelectPictureBox_MouseClick(sender As Object,
            e As MouseEventArgs) Handles SelectPictureBox.MouseClick
    ' 押されたx座標で正解判定
    ' <判定> 押されたボタンがマウスの左ボタン？
    If (e.Button = MouseButtons.Left) Then
        ' どの円を選択したかを計算で算出（クリックしたx座標の位置/PictureBoxの横幅）
```

```
❶Dim selectCircle As Integer = e.X / SelectPictureBox.Height
❷If (randomResult = selectCircle) Then
  ❸  Timer1.Stop()
      DrawMainPictureBox(Brushes.Red, "○")          ' 正解
      RestartButton.Enabled = True                   ' 再スタートボタンを操作可能に
    Else                                             ' 失敗
      For i = 0 To ballCount
          ' 移動の割合を半分にする
  ❹      balls(i).Pitch = balls(i).Pitch - balls(i).Pitch / 2
      Next
      nowTime = nowTime + 10                         ' ペナルティー
  ❺  DrawMainPictureBox(Brushes.Red, correctText)   ' 赤で正解の文字を背景に強調
    End If
  End If
End Sub
```

表7-21：List13のコード解説

No.	コード	説明
❶	Dim selectCircle As Integer = e.X / SelectPictureBox.Height	上のselectPicrureBoxをマウスでクリックしたときの横の位置（X座標）から、どのボールを選択したかを計算で算出します。円なので1つのボールの高さ（Height）と幅が同じです。「マウスの位置がボール何個分なのか」という単純な割り算で判定できます。詳しくは、次ページで解説します
❷	If (randomResult = selectCircle) Then	ランダムで正解に設定した値randomResultと、先ほど計算で算出した選択したボールの番号が一致していれば、正解のボールが選ばれたことになります
❸	Timer1.Stop() DrawMainPictureBox(Brushes.Red, "○")	正解した場合の一連の処理です。時間計測を止めます。赤い色で正解を示す円を背景に描きます
❹	balls(i).Pitch = balls(i).Pitch - balls(i).Pitch / 2	Ballクラスのボールの移動の割合（Pitch）が公開されているので、直接書き換えます。今の速度の半分になるようにしています
❺	DrawMainPictureBox(Brushes.Red, correctText)	不正解の場合の処理です。背景を赤で塗った、正解の文字を表示します

❶の「Dim selectCircle As Integer = e.X / SelectPictureBox.Height」の考え方を図にしてみます。

図7-27：ボールの判定の考え方

①まず、計算しやすいように、ボールの半径を5とします。

②ボールの半径が5の場合、直径は「5×2＝10」ですね。

③ボール1つの横幅も10です。

④マウスのX座標が25の場合、図を見て、3個目のボールだと雰囲気でわかりますね。

⑤実際に計算してみると、「selectCircle = e.X / selectPictureBox.Height」→「25/10」→「2」となります（Integer型の計算結果であるため）。

⑥Visual Basicの配列の要素（（）の中の数字）は、先頭が0から始まります→selectCircleは2という値ですが、0,1,2の順で3番目ということになります。

●手順⑧ 動かしてみる

ツールバーの［▶MoveCircle］ボタンをクリックして、「間違いボール探しゲーム」アプリケーションを実際に動かしてみましょう。正しい動作をしているかどうかを確認するには、手順①で書いた特徴の通りに動いているかをチェックするとよいですね。

以下の表7-22にチェック項目を挙げますので、同じようにチェックしてみてください。

表7-22：「間違いボール探しゲーム」のチェック項目

No.	「間違いボール探しゲーム」の特徴	実行したときの画面	コメント	チェック結果
❶	開始するとランダムにボールが飛び交っている		・ボールが5個・あまり重なっておらずランダムな位置にある ・いきなりボールがうごきまわっている ・タイマーもカウントされている	OK?
❷	壁に当たると跳ね返る		ボールの動きを見ると壁で跳ね返っている	OK?
❸	発見するまでの秒数がカウントされる		タイマーがカウントされている	OK?
❹	正解の文字の場所がランダムに表示されている		・何度か実行して確認 ・正解の文字の色が毎回異なっている ・ボールの開始位置が毎回異なっている	OK?
❺	飛び交うボールの色と同じ色のボールが画面上部に配置されている		画面上部のボールの色と画面下部のボールの色が同じ	OK?
❻	画面下部の間違った色と同じ色の画面上部のボールをクリックすると、ボールの移動速度が遅くなる		・間違うと背景に赤字で正解の文字が表示される ・画面下部の移動しているボールの移動速度がすべて遅くなる ・5つのボールの移動速度は体感的に同じ ・連続して何度も間違えてもボールは止まらない	OK?

| ❼ | 間違ったボールをク
リックすると10秒
加算される | | ・タイマーの動作に着目し、画面
上部の間違った色のボールをク
リック
・感覚的にタイマーの値が10増
えている | OK? |

いかがでしたでしょうか？　Windowsフォームで図形を描写したり、その図形を動かすことができましたね。

ここまでできるようになってくると、いろいろ改良してみたくなると思います。どんどん改良してみてください。

練習1

正解の文字を「﨑」、間違いの文字を「﨑」（右上が「大」ではなく、「立」になっています）にしてみてください（もう一人の作者の宮崎さんにちなんでいます）。

練習2

ボールを7つに増やしてみてください。Form1.vbのballCountを7に変更するだけですと、うまく動作しません。ヒントは、ボールの色を追加すること、画面上部のPictureBoxコントロールの横幅をボール2個分拡張することです。

練習3

Graphics ClassをMicrosoftの公式のリファレンス（https://learn.microsoft.com/ja-jp/dotnet/api/system.drawing.graphics?view=dotnet-plat-ext-7.0）で調べたりして、円以外の図形でも試してみてください。まだまだ余裕のある方は、色違いの魚の絵を取り込んでも面白いですね。

 まとめ

● クラスをうまく使うと、コード量が少なくなる。似ているけど、少し違うといった変更が容易にできるようになる。

復習ドリル

3つの応用編のアプリケーションを作ったChapter7の理解を深めるためにドリルを用意しました。

●ドリルにチャレンジ

以下の**1**～**16**までの空白部分を埋めてください。

1 誰でも無償で利用できるソフトウェアのことを［　　　　　　　］という。

2 Visual StudioにOSSを取り入れることができるツールの名前を［　　　　　　　］という。

3 カンマ区切りのデータのことを［　　　　　　　］という。

4 Excel表のようにデータを表形式で表示できるコントロールは、［　　　　　　　］コントロールを使う。

5 次のコードは、Csvライブラリを利用してカラムのデータを設定している処理です。コメントを参考にしてコードを完成させてください。

```
' Csvから1行取得し、結果をline変数に入れる
For Each line In CsvReader.ReadFromText(csv)
    ' 1行分のデータのヘッダーの情報を取り出す
    For Each item In [          ]
        dataTable.Columns.Add([          ]) ' 内部のテーブルのカラムに設定
    Next
    Exit For ' 2列目以降のデータもカラム名は同じなのでCsvの読み込みを終了
Next
```

6 次のコードは、Csvライブラリを利用して、読み込んだcsvのデータを内部のテーブルに割り当てる設定している処理です。コメントを参考にしてコードを完成させてください。

```
' 読み込んだCsvのデータを内部のテーブルに割り当てる
' もう一度、Csvから1行取得し、結果をline変数に入れる
For Each line In CsvReader.ReadFromText(csv)
    dataTable.Rows.Add([          ]) ' 1レコード分まとめて設定
Next
DataGridViewCsv.DataSource = [          ] ' 表示用のDataGridViewに内部のテーブルを割当
```

上級編
Chapter
7

7 アプリからSlackに投稿を行う場合には、[＿＿＿＿＿＿＿]の設定が必要になる。

8 Webなど、外部で処理を行った結果を共有する仕組みを[＿＿＿＿＿＿]という。

9 .NETでグラフィックを表現したいときは、[＿＿＿＿＿＿] コントロールを使う。

10 次のコードは、selectPictureBoxという名前のPictureBoxコントロールに円を描くサンプル
コードです。コメントを参考にコードを埋めてください。

```
Dim height = SelectPictureBox.[＿＿＿＿]          ' 高さをSelectPictureBoxから取得
Dim width = SelectPictureBox.[＿＿＿＿]           ' 幅をSelectPictureBoxから取得
Dim selectCanvas = New [＿＿＿＿] (width, height)  ' 幅×高さでキャンバス作成
Using g = [＿＿＿＿].FromImage(selectCanvas)      ' キャンバスに絵を描く準備
    g.[＿＿＿＿] (Brushes.LightBlue,               ' 円を描きます。薄い青で
        0, 0, height, height)                      ' (0,0)の位置に高さ：height, 幅：height
    SelectPictureBox.Image = [＿＿＿＿]            ' キャンバスに描いた絵をImageに設定
End Using 'Using 指定がされた変数gはこの時点で破棄する処理が内部的に呼ばれます。
```

11 次のコードを普通のIf文で書き換えてください。

```
canvas = If(canvas Is Nothing,
            New Bitmap(MainPictureBox.Width,MainPictureBox.Height),canvas)
```

■普通のIf文

```
If [＿＿＿＿]    Then
    canvas = New Bitmap(MainPictureBox.Width, MainPictureBox.Height)
End If
```

12 次の構文の変数 g がメソッドを抜けたタイミングで解放する処理を書いてください。

```
[＿＿＿＿] g As Graphics = Graphics.FromImage(canvas)
End [＿＿＿＿]
```

13 次の構文をprevious.X、previous.Yに分解した各々のIf文で書き換えてください。

```
previous = If(previous = New Point(0, 0), position, previous)
```

■書き換え後

```
If([＿＿＿＿]) Then
    previous.X = position.X
Else
    previous.X = previous.X
End If

If ([＿＿＿＿]) Then
```

```
    previous.Y = position.Y
Else
    previous.Y = previous.Y
End If
```

🔢 次のコードは Ball クラスを定義したコードです。コメントに従い処理を完成させてください。

```
Private balls As [          ]  ' 配列として複数のボールを管理
balls = New [          ] {}    ' balls を ballCount 分配列として用意
```

🔢 次のコードは、Ball クラスのインスタンスの配列 balls の Move() メソッドを ballCount 個分呼ぶ処理です。処理を完成させてください。

```
' ballCount 分ループして Move() を実行
For [          ]
    balls(i).Move()
Next
```

🔢 次のコードは、ボールの色を Brush クラスを使って5個分配列で初期化するコードです。空白を埋めてコードを完成させてください。

```
Private ballColor As [          ] = ' ボールの色、5個分配列で定義
        {
            Brushes.LightPink,    ' 薄いピンク
            Brushes.LightBlue,    ' 薄い青
            Brushes.LightGray,    ' 薄い灰色
            Brushes.LightCoral,   ' 薄い珊瑚色
            Brushes.LightGreen    ' 薄い緑
        }
```

アプリケーションの
作成の流れはわかっ
たかな？

最後に

　　ここまでプログラミングをされてきて、いかがでしたか？
アプリケーション作成の流れについて、何となく理解いただけ
たのではないかと思います。この後は、みなさんの考えたアプリ
ケーションを作成してみてください。

　　そして、これからVisual Basicでプログラミングをするにあ
たってわからないことがあった場合、どのようにすればよい
か？という考え方を紹介します。Visual Basicでのプログラミ
ングを楽しんでくださいね！

 ## このChapterの目標

- ✔ ヘルプの使い方を理解する。

- ✔ Microsoft社のサイトを活用する方法を知る。

- ✔ Microsoft社提供のフォーラムを活用する方法を知る。

- ✔ コミュニティを活用する方法を知る。

- ✔ 次のステップに進む考え方を学ぶ。

Chapter 8 最後に

もし、わからないことが あった場合は？

ここではアプリケーションを作成していく過程で、わからないことが発生した場合や、さらに学習を進めるための参考情報を記載します。

●ヘルプを活用する

わからないことが出てきた場合には、まずは**ヘルプ**を活用してください。

昔はヘルプの内容が少なかったため、よくわからないということも多々ありましたが、.NET 7.0では、ヘルプがかなり充実し、サンプルコードなども多く載っています。

1 調べたい部分をクリックする

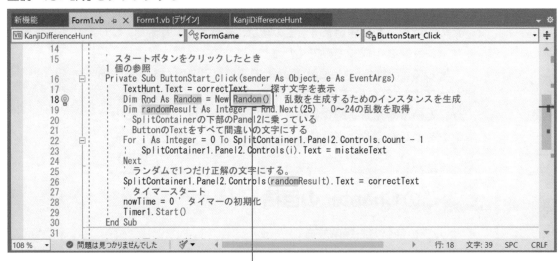

コードを表示して、調べたい部分をクリックし、カーソルが点滅している状態で、[F1] キーを押します

2 Webブラウザーが起動する

サンプルコードのプログラミング言語を切り替えることができます。「VB」を選択してください

Webブラウザーが起動し、調べたい内容の解説ページが表示されます（この例では、Ramdomについて調べています）

また、インターネット上の検索サイトを利用する方法もあります。

▼.NET API ブラウザー

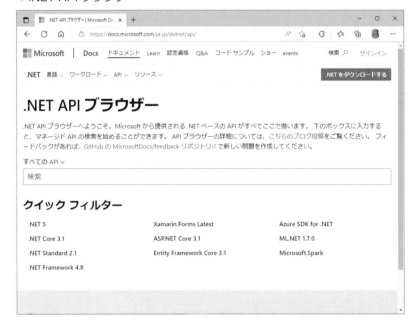

▼URL

https://learn.microsoft.com/ja-jp/dotnet/api/

　例えば、Googleを利用して、DateGridViewコントロールを検索する場合には、下記のように検索することにより、.NET APIブラウザーの中からのみ検索することが可能となります（□は半角スペースです）。こ

の検索方法は、Yahoo!やBing等一般的な検索サイトで使用可能です。

DataGridView□site:learn.microsoft.com/ja-jp/dotnet/api/

検索した結果の.NETのバージョンに注意

例えば、「DataGridView site:learn.microsoft.com/ja-jp/dotnet/api/」というキーワードで検索した場合、基本的には最新バージョンのドキュメントがヒットするようです。

最新バージョンでは実装されていても、過去のバージョンで実装されていない場合など、過去のバージョンのドキュメントを参照する場合には、画面上からバージョンを選択することで参照可能です。

●Microsoft社のサイトを活用する

Microsoft開発者ページなど、Microsoft社のサイトにも様々な情報が掲載されています。こういう情報を活用することで、わからない点を解決できたり、新たな知識を身に付けたりできます。

▼Microsoft Developer

▼URL

https://developer.microsoft.com/ja-jp/

　また、無償のセミナーの開催も行われています。ぜひ活用して、さらなる学習の手助けにしてみてはいかがでしょうか？

●Microsoft社提供のフォーラムを活用する

　疑問点の解決は、まずはヘルプやライブラリを探してみることが基本となりますが、探しても見つからないことについては、ほかの開発者に聞いてみましょう。**MSDNフォーラム**という形で、Microsoft社が掲示板を用意してくれています。

　こちらには多くの開発者が集まっているので、質問をしてみるのもいいでしょう。ただし、掲示板で回答をくれる人も、ボランティアで参加しています。このため、回答を強要したり、回答を急かしたりしないようにすることがマナーです。

　また、回答されやすい質問の仕方もあるので、ほかの人の質問などを見て、どう質問するのがよいのかを参考にしてみるとよいでしょう。

▼MSDNフォーラム

▼URL

https://social.msdn.microsoft.com/Forums/ja-JP/home

●コミュニティを活用する

　ここまでは、Microsoft社が提供している情報でしたが、このほかにもインターネット上には多くの情報があります。いろいろな技術情報の提供や勉強会など、ぜひ活用してみてください。

　今はオンラインの勉強会が多いですが、今後オフラインの勉強会が増えてくると、懇親会も増えてくると思います（人によっては懇親会がメイン？）。こういった場で、質問に回答してくれた人にお礼を言うなどして、知り合いの輪を広げるのもよいですね。

●勉強会

　勉強会は、下記のような募集を行うWebサイトがありますので、検索してみるとよいでしょう。

▼ connpass - エンジニアをつなぐIT勉強会支援プラットフォーム

▼ URL

https://connpass.com/

●技術情報

　技術情報は、GoogleやBingなどで検索するのもよいですが、下記のような技術情報を集めたサイトがありますので、「Visual Basic」で検索したり、定期的に見に行くことで、新しい情報に巡り合えるかもしれません。

▼ Qiita

https://qiita.com/

▼Zenn｜エンジニアのための情報共有コミュニティ

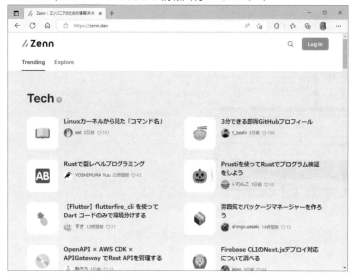

https://zenn.dev/

　このほか、Twitterやfacebookなどで情報発信している方もおられますので、気になるアカウントをフォローしておくといいですね。

　料理でも音楽でも、まず最初は、うまい人の真似をすることで、少しずつ覚えていきます。プログラムも同じで、いろんな人のコードを見ることで勉強になり、いろいろなことが覚えられます。

　Visual Basicには、まだ本書では解説していない文法などがたくさんありますが、「楽しいな」と感じていただければ、あれこれ調べて、どんどんいろんなことが覚えられると思います。

●次のステップへ（著者のオススメ本の紹介）

著者が新人クンの講師をしているときに、よく聞かれる質問に以下の2つがあります。

質問1

本書『作って覚えるVisual Basic 2022　デスクトップアプリ超入門』を読んだ後、もう少しVisual Basicの勉強をしたいのですが、たくさんの本の中から、自分に合った本を選ぶコツはありますか？

あくまで著者の経験に基づくものですが、自分に合った本を選ぶコツはあります。

ループ文など、同じテーマに絞って複数の本を読む比べるとよいでしょう。その中で「解説がわかりやすい」「納得できる」という本が見つかると思います。

本書では、文法についてあまり体系的にはふれていませんでしたが、以下のキーワードが重要です。

---

①制御文
②配列
③クラス、インターフェイス、継承、構造体
④ジェネリック
⑤コレクション
⑥LINQ
⑦例外

質問2

どのような本を読むとよいですか？　オススメはありますか？

実際にはプログラム経験やレベルによってオススメしたい本が異なるので、独断でまとめてみました。以下がその表になります。

●ほかの言語の経験あり

表8-1：ほかの言語の経験ありの方への推薦本

推薦本の名前	書影	著者	出版社	発売	推薦理由
基礎Visual Basic 2022		羽山 博	インプレス	2022年6月	ファイルを取り扱ったり、Excelを取り扱ったりしていて、とても実用的です
世界でいちばん簡単なVisual Basicのe本 [最新第4版]		金城 俊哉	秀和システム	2017年11月	OSの知識から解説されており、わかりやすいイラストでイメージしやすくなっています

上級編
Chapter
8

推薦本の名前	書影	著者	出版社	発売	推薦理由
ゼロからわかる Visual Basic 超入門［改訂2版］		国本 温子	技術評論社	2017年8月	初学者がつまずきそうなポイントをかなり詳しく解説しています
かんたん Visual Basic［改訂2版］		高橋 広樹	技術評論社	2017年7月	Visual Basicの文法が幅広く解説されています。また、辞書的な使い方もできます

● Visual Basicを1年以上経験

表8-2：Visual Basicを1年以上経験された方への推薦本

推薦本の名前	書影	著者	出版社	発売	推薦理由
現場ですぐに使える！ Visual Basic 2022 逆引き大全 500の極意		増田 智明	秀和システム	2023年1月	「こんな処理を実現したい」という時に「したいこと」からコードがわかる本。Webで検索しても結果を得られますが、書籍では周辺の知識も学習できるので現場向けです
Visual Basic2022入門		草野 泰秀	Independently published	2022年5月	理系の学生などに向いています。簡単なWinFormAppsを利用しながら、三角関数等、研究開発で必要になる実用的な数学の計算などについて細かな解説がされています

●Visual Basic を極めたい！

表8-3：Visual Basicを極めたい方への推薦本

推薦本の名前	書影	著者	出版社	発売	推薦理由
Visual Basic 2022パーフェクトマスター		金城 俊哉	秀和システム	2022年2月	Visual Basicできることが全て掲載されており、まさにパーフェクトマスター
TECHNICAL MASTER はじめてのASP.NET Webフォームアプリ開発 Visual Basic対応 第2版		WINGSプロジェクト 土井 毅/ 山田 祥寛 (監)	秀和システム	2019年11月	Microsoft社の定番Webアプリケーション開発フレームワークであるASP.NETの入門書です。最近はWebフォームを扱うケースが減ったのですが、逆にVisual BasicでWebアプリを解説している本はこれだけになります。
ひと目でわかる Visual Basic 2017データベース開発入門		ファンテック株式会社	日経BP社	2017年11月	SQL Server 2016を使用したデータベースシステムを開発するための本です

●あとがきにかえて

　最後まで読んでいただき、ありがとうございました。いかがでしたでしょうか。Visual Studio Community 2022に慣れていただけましたでしょうか？

　本書は、はじめてプログラムに挑戦する方や、統合開発環境のVisual Studio Community 2022をはじめて触る方を対象にしているので、特に「楽しむ」ということを意識しながら執筆しました。何より「楽しい」と感じてもらうことで、自然とプログラミングの方法を覚えていただけると思っております。

　まだちょっと「自信がない」と思われる方は、Chapter3以降のアプリケーションを何度か作成してみてください。設計図だけ見て、後のコードは自分だけで書けるようになると、さらに面白くなってくると思います。

　また、ツールボックスにあるコントロールを少し変えてみると、いろんな発見があって面白いものです。例えば、TextBoxコントロールを別のコントロールに変えてみたりすると、勉強になります。

　Chapter4で作成した「今日の占い」アプリケーションだと、ボタンのイラストを描いて、ButtonコントロールのImageプロパティで設定すれば、カラフルなオリジナルのボタンにすることもできますね。

　このように自分で考えて、アプリケーションにいろいろと改良を加えると、プログラミングはますます面白くなってきます。

　Chapter4〜Chapter7のアプリケーションの説明では、頭の中で考えていく過程を追って解説しました。人によって違いが出てくる部分ですが、自分でプログラミングする際には参考にしてください。

　これらのアプリケーションには簡単な機能しかありませんので、ぜひ楽しみながら、自分で改良してオリジナルのアプリケーションを作成してみてください。ブログなどで発表していただくのも面白いですね！

INDEX

索引

🐘 索引

INDEX

447

INDEX

449

● 著者略歴

荻原 裕之 (おぎわら ひろゆき)

1968年生まれ。京都コンピュータ学院・情報科学科卒。学生時代にBASIC、QuickBasicを使ってプログラムを行ったことが切っ掛けとなり、プログラマーの道へ進む。1992年、日立ソフトウェアエンジニアリング株式会社に入社。会社独自のプログラム言語の開発に携わる。その後は、C++、VBなどの開発を得て、2000年から40件以上の.NETアプリケーションの開発のほか、.NETの教育、開発標準化、開発支援、.NETよろず相談等に携わる。2006年、米国Microsoftと米国Accentureの合弁会社であるAvanade.Incの日本法人、アバナード株式会社に入社。Microsoft系テクノロジーのITコンサルタントとして.NET案件の開発支援などを100件以上行った経験を持つ。その中で新入社員への教育も担当し、「作って覚える」シリーズのテキストを用いてC#のトレーニングも行っている。趣味は、カラオケ、卓球、フットサル、スキー、テニス、開発関連の本の読書。最近は電子書籍がお気に入り。コロナ禍で運動系の趣味が実施できていないのが気になるところ。

宮崎 昭世 (みやざき あきよ)

1971年生まれ。ハンドル名は「こぐま」。金沢工業大学・工学部電子工学科卒。1994年、日立ソフトウェアエンジニアリング株式会社に入社。その後、日立グループ内の会社統合などを経て、現在は株式会社 日立製作所に所属。まだドラッグ＆ドロップで画面のデザインができない頃のWindowsアプリケーションやC言語で作っていた初期のWebアプリケーションの時代からプログラミングを始める。その後、VB5やVB6、ASPなどの開発を経て、.NETの教育、開発標準化、開発支援などに従事。現在はMicrosoft社の技術全般に関する開発支援などに従事する。REMIX TokyoやXMLコンソーシアム等での講演も行う。趣味は、スキー、弓道だが、育児に追われお休み中……。

●special thanks

木工房ゆうむ
https://www.creema.jp/creator/1122775
https://minne.com/@koubouu-m
https://www.iichi.com/shop/mokkoubouU-m

※本書の内容につきまして、木工房ゆうむに
　お問い合わせいただくことは御遠慮ください。

木工房ゆうむ

高知県高岡郡佐川町にある、山と森に囲まれた工房です。無垢の木にこだわり、ひとつひとつていねいに手作りしています。使い捨てではなく、使うほどに愛着の持てる生活雑貨。お子様も大人も笑顔になれる夢いっぱいのオモチャ。毎日の暮らしが楽しくなるような作品を目指しています。
下記ネットショップからご購入頂くことが可能です。
● Creema (クリーマ)
https://www.creema.jp/creator/1122775
● Minne (ミンネ)
https://minne.com/@koubouu-m
● iichi (いいち)
https://www.iichi.com/shop/mokkoubouU-m

作って覚える
Visual Basic 2022
デスクトップアプリ超入門

| 発行日 | 2023年　3月25日 | 第1版第1刷 |
| | 2024年　6月10日 | 第1版第2刷 |

著　者　荻原　裕之／宮崎　昭世

発行者　斉藤　和邦
発行所　株式会社　秀和システム
　　　　〒135-0016
　　　　東京都江東区東陽2-4-2　新宮ビル2F
　　　　Tel 03-6264-3105（販売）Fax 03-6264-3094
印刷所　三松堂印刷株式会社　　　　Printed in Japan

ISBN978-4-7980-6834-3 C3055